统编语文教材指定阅读

寂静的春天

[美] 蕾切尔·卡森 / 著

喻 蕾 / 译

广东旅游出版社
GUANGDONG TRAVEL & TOURISM PRESS

中国·广州

图书在版编目（ＣＩＰ）数据

寂静的春天 / (美) 蕾切尔·卡森著；喻蕾译. — 广州：广东旅游出版社，2020.7
（统编语文教材指定阅读）
ISBN 978-7-5570-2209-9

Ⅰ.①寂… Ⅱ.①蕾… ②喻… Ⅲ.①环境保护 – 普及读物 Ⅳ.①X–49

中国版本图书馆 CIP 数据核字(2020)第 051359 号

出　版　人：刘志松
责任编辑：黄碧绯
责任技编：冼志良
责任校对：李瑞苑

寂静的春天
JIJING DE CHUNTIAN

广东旅游出版社出版发行
（广州市越秀区建设街道环市东路 338 号银政大厦西楼 12 楼　　邮编：510060）
湖北鄂南新华印刷包装股份有限公司
（咸宁市咸安区桂乡大道 8 号　邮编：437000）
787 毫米 × 1092 毫米　16 开　14 印张　210 千字
2020 年 7 月第 1 版第 1 次印刷
定价：22.80 元

[版权所有　侵权必究]

本书如有错页倒装等质量问题，请直接与印刷厂联系换书。

百部经典名著序言

  现在的中国，愈来愈重视阅读了。尤其是对正处于人生阅读的黄金期的孩子们，他们的阅读现状，将决定一个国家、一个民族的未来，青少年的阅读已经引起全社会的高度关注。大家意识到，现在国内孩子的阅读水平应与国际接轨。在这样一个信息化、全球化的时代，许多国家都将全民阅读，尤其是青少年阅读作为国家发展的战略支点。谁抓住了人生阅读的黄金时期，谁就抓住了人生的机遇期，抓住了竞争的节点与先机。

  中国——一个有着几千年阅读优良传统的国度，一个自古重视"耕读传家"的国度，在逐步解决了温饱问题的同时，开始重视阅读了。对于我们的子孙后代，究竟是将他们培养成一架只会考试的机器，还是将他们培养成有健全人格、适应社会变迁、勇于迎接挑战的人？显然，后者将是千千万万家庭的选择。当然，更是实现"中国梦"的选择。如果要实现这样的选择，在孩子们的黄金阅读期，让孩子们尽量多地读好书，将是不容置疑的选择。

  解决了"为什么读"的问题后，"读什么"将变得非常重要。"经典阅读"或者说"阅读经典"，在孩子生命的黄金阅读期，不仅是必需的，而且是至关重要的。就像一座大厦须要打好地桩，一张俏丽的脸谱须要打好底色，一个身心健康且有作为的人，在人生的萌芽成长阶段，就必须打好精神

1

的底色，打好真善美的底色。阅读经典，就是要打好这样的底色。道理很简单。因为经典是人类精神文明的结晶，是经历过历史的检验，被无数人阅读，筛选，最后沉淀下来，挑选出来，传承下来的。这些经典著作，就像一颗一颗闪耀在我们头顶的星星，穿越历史的风烟，始终像金子般闪烁着，组成了人类文明的璀璨的星空，被一代一代人所仰望。

这套《统编语文教材指定阅读》便是奉献给孩子们的一片美丽而璀璨的星空。尤其神奇的是，当你开始阅读这些经典后，那些高高在上的星星，突然就变成了一粒一粒的种子，悄无声息地，就播种在你的心田了。这些金子般的种子，是有着勃勃的生命力的。它给予你的，不是硬性的灌输，不是枯燥的说教，而是春雨般的"随风潜入夜，润物细无声"。这样的春雨，是没有障碍的，是符合少年儿童的阅读心理的，是可以让孩子们跳起来摘苹果的，是会让孩子们既感受到诗一般的美，又领略到理性的清新与力量的。然后，这些种子便会陪伴着孩子们，一起成长，不断地为他们的生命注入清亮的泉水，并且，化为他们生命的一部分。

现在，正是万物生长的春天了。那么，就让我们抬头仰望星空，低头播撒种子吧。

2016 年 3 月 24 日

作者生平

蕾切尔·卡森（1907年5月27日—1964年4月14日），美国海洋生物学家、科普作家，出生于宾夕法尼亚州的农民家庭，1932年在约翰斯·霍普金斯大学获动物学硕士学位。毕业后先后在约翰斯·霍普金斯大学和马里兰大学任教，并继续攻读博士学位，后来由于经济条件不允许，她只得在美国渔业管理局找一份兼职工作，为电台专有频道广播撰写科技文章。1936年，蕾切尔·卡森成为美国渔业管理局第二位受聘的女性。她的部门主管认为她的文章太具有文学性，不能在广播中使用，建议她投到杂志，居然被采用，从此她日间从事科研工作，夜晚进行环保问题的写作。1941年她出版了第一部著作——《海风的下面》，其后陆续出版了《我们周围的海洋》《海洋的边缘》《寂静的春天》等科普著作。

作品简介

《寂静的春天》首次出版于1962年。在这本书中，卡森以生动而严肃的笔触，描写因过度使用化学药品和肥料而导致环境污染、生态破坏，最终给人类带来不堪重负的灾难，阐述了农药对环境的污染，用生态学的原理分析了这些化学杀虫剂对人类赖以生存的生态系统带来的危害，指出人类用自己制造的毒药来提高农业产量，无异于饮鸩止渴，人类应该走"另外的路"。该书将近代污染对生态的影响透彻地展示在读者面前，给予人类强有力的警示。

1992年，《寂静的春天》被推选为世界上最具影响力的图书之一，被誉为"世界环境保护运动的里程碑"。

作品艺术特色

《寂静的春天》是一部生态文学的经典之作。在这部作品中，卡森摒弃了传统文学的人类中心主义视角，创新性地运用了生态整体主义的独特视角来阐释自然与人的关系，强调自然独立于人类的内在价值以及对于平衡生态系统的重要意义，抨击征服自然、改造自然的观念，反对为了经济利益对自然进行过度掠夺。在描写科技发展与人类生态关系时，作者运用科学的方法展现了科技的发展变化对自然产生的破坏，比如采用许多事实的论据，客观地分析有关的科研成果，寻求事实，探究真理。作者以其独特全新的生态视角、优美形象的生态书写和厚重深邃的生态思索，给人以哲学的思想启迪和艺术的精神享受。

各界评论

蕾切尔·卡森这部里程碑式的著作已无可辩驳地证明，一种思想的力量远比政治家的力量更强大。1962 年，当《寂静的春天》第一次出版时，公众政策中还没有"环境"这一款项。过去，除了在一些很难看到的科技期刊中，几乎没有关于滴滴涕以及其他农药和化学用品日益增长的隐性危险的讨论。《寂静的春天》犹如旷野中的一声呐喊，以它深切的感受、全面的研究和雄辩的论点改变了历史的进程。

——美国前副总统阿尔·戈尔

致　谢

1958 年初，我的朋友奥尔加·欧文斯·哈金斯在信中提到，她对于周围的环境厌倦极了，她几乎感受不到一丝一毫的生命力。在读到她的这封信后，我立刻想起了近年研究的环境问题，我想，我必须开始撰写这本书了。

在撰写本书的过程中，我得到了无数朋友的关注与鼓励，由于篇幅有限，我无法在这里向他们一一致谢。美国国内外的政府机关、学校、研究所为我提供了有效帮助，许多专业人士慷慨地分享了他们的经验与研究成果，感谢他们为此付出的时间与精力。

同时，感谢本书初稿的读者，他们花费了大量时间阅读初稿章节，从专业角度提出了具体的修改建议。我以我的名义保证本书的准确性与可靠性，但如果没有他们的帮助，我无法顺利完成本书的撰写工作。他们是：梅奥医院的医学专家 L·G·巴塞罗缪，得克萨斯州立大学的约翰·J·毕塞尔，西安大略大学的 A·W·A·布朗，康涅狄格州韦斯特波特的医学专家莫顿·S·比斯金德，荷兰植物保护局的 C·J·布雷约，罗伯和贝茜·维尔德野生生物基金会的克拉伦斯·科塔姆，克利夫兰医学中心的医学博士小乔治·克瑞尔，康涅狄格州诺福克县的弗兰克·艾戈勒，梅奥医院的医学博士马尔科姆·M·哈格雷夫斯，美国国家癌症研究所的医学博士 W·C·休伯，加拿大渔业研究委员会的 C·J·克斯威尔，荒野保护协会的奥劳斯·穆里尔，加拿大农业部的 A·D·匹科特，伊利诺伊州自然历史研究所的托马斯·G·斯科特，塔夫脱卫生工程中心的克拉伦斯·塔兹韦尔和密歇根州立大学的乔治·J·华莱士。

在撰写本书时，我须要查阅大量资料，确保本书内容以事实为依据，多位图书管理员为我提供了专业帮助。在此，我要诚挚感谢内政部图书馆的艾达·K·约翰斯顿、美国国立卫生研究院图书馆的西尔玛·罗宾逊。

感谢本书的编辑保罗·布鲁克斯，感谢他允许我将出版计划一再延后，感谢他对我的支持与鼓励，我将会永远对他抱有感激之心。

在我检索各类图书、查阅相关文献时，感谢多罗西·艾尔吉、珍妮·戴维斯、贝蒂·哈尼·达夫为我提供的重要帮助，感谢艾达·斯普洛为我处理家事，陪伴我度过了写作中的艰难时刻。

最后，我还要感谢那些奋勇直前的无名英雄，如果没有他们，我永远无法撰写出这本书。他们坚决反对那些肆意喷洒毒药、破坏生态环境的无良行径，保护了宝贵的自然环境，保护了人类和其他生物的家。他们的付出终会得到回报，民众终会恢复判断力，环境问题将会逐渐得到解决。

蕾切尔·卡森

目录 CONTENTS

第一章 明天的寓言 …………………………………… 1

第二章 忍受的义务 …………………………………… 3

第三章 死神的药剂 …………………………………… 10

第四章 地表水和地下海 ……………………………… 27

第五章 土壤的王国 …………………………………… 36

第六章 地球的绿色斗篷 ……………………………… 43

第七章 不必要的浩劫 ………………………………… 59

第八章 再听不到鸟儿的歌声 ………………………… 71

第九章 死亡之河 ……………………………………… 91

第十章 天降灾难 ……………………………………… 109

第十一章 超越波吉亚家族的想象 …………………… 122

第十二章 人类的代价…………………………… 131

第十三章 透过狭小的窗子………………………… 140

第十四章 每四个中就有一个……………………… 153

第十五章 自然的反击……………………………… 171

第十六章 雪崩的隆隆声…………………………… 184

第十七章 另一条路………………………………… 193

第一章 明天的寓言

在美国的中心地带有这样一座小镇，小镇里的动植物与所在环境和谐共生，仿佛是一个世外桃源。小镇附近错落着各式各样的农场、田地、果林，每到收获季节都能出产丰富的农产品。春天花开遍野，朵朵白花点缀着碧绿草地。秋日层林尽染，放眼望去，橡树、枫树和白桦树掩映在松林中，闪耀着火焰一般的色彩。走进山野，拨开深秋雾气，不时能听到狐狸的叫声和鹿群的奔跑声。

路边生长着的植物种类繁多，包括月桂树、荚莲花、赤杨等等，这里的蕨类植物相当巨大，叫不出名字的野花更是随处可见，无论春夏秋冬，路过这里的人们都会陶醉其中。冬天来临，花草凋敝，但是雀鸟自然能从雪地里找到浆果和干草穗。居住在这里的鸟儿相当多，这座小镇因此声名远扬。每年春秋季节，候鸟照例开始它们的旅行，无数游人会专门赶来观赏这一盛况。深山中汩汩流出清澈溪流，树木繁茂，池中自由自在地游动着鳟鱼，引来许多垂钓的行人。自从开拓者们前来开荒建房、耕种引水，已经过去了许多年了。

变化是在不知不觉间悄悄发生的。疫病袭击了鸡群，牛羊也在一只只患病死去，四处都笼罩着死亡的阴霾。行色匆匆的农人们谈论着他们家人的疾病，就连小镇上的医生也束手无策。诊所中拥挤着无措的成人和孩子，患病和死亡都是突如其来的，有时仅仅在几小时之内，一条鲜活的生命就在人们眼前流逝了。

在这样的状况下，人人自危，紧张的情绪四处蔓延，牲畜们全都蔫头蔫脑起来。为什么会这么安静？平时随处可见的鸟儿呢？人们很快发现，零星可见的几只鸟雀都跌落在了路边草丛里，它们只有出气儿没有进气儿，哆嗦着微微扑动翅膀，却再也没了飞翔的力气。这是一个异乎寻常的寂静春季，往日那些叽叽喳喳的知更鸟、猫鹊、鸽子、松鸦、鹪鹩全都没了影踪，树林里的鸟巢全都空荡荡的，村庄、田埂、森林、池塘……到处都是静悄悄的。

畜牧业也受到了严重影响。农夫们很久都没有听见过小鸡破壳而出的叫声了，母猪产下的猪崽全都弱不禁风，很容易在几天内夭折死去。果农们都在为明年的苹果发愁，因为蜜蜂全都不见了，苹果花无法授粉结果，这一年的劳作将变得毫无价值。

曾经有如世外桃源的小镇路旁，如今却像是被焚烧过一样，满地焦枯疮痍。四下里都是死亡般的寂静，溪流也成了一汪死水，没有鱼，没有垂钓的游客。

细心的人们或许会在檐下水槽和屋顶瓦片上看到薄薄一层不起眼的白色粉末，在过去一段时间里，它们随风四散，落在溪水里、草地上，落在人们的身上。

改变这一切的不是诅咒，不是阴谋，而是人们亲手扼杀了摇篮里的新生命，人类做出的选择导致了今天的后果。

现实世界上并没有这样一座小镇，可是，当我们深入美国或其他地区，却能看到许多类似的情况正在上演，有些社区的情况已经非常严重。也许，单独一两种疾病并不引人注目，但人们如果不加重视，分散各地的阴霾最终会化身为死神，将死亡真真切切地带到我们身边。

美国小镇中寂静的春天究竟因何而来？在这本书里，我们将尝试着回答这一问题。

第二章 忍受的义务

我们可以确定，地球生命的历史与各种生物、各种生态环境息息相关。动植物生活在地球环境中，受到环境的塑造与改变，但它们的能力有限，基本上很难真正改变外部环境。然而，人类成了这其中的例外。在 20 世纪以后，人类所掌握的力量真正能够改变外部环境，从而影响世界。

过去的二十多年里，这份非凡的力量已经引起了人们的恐惧，因为它的本质已经不同于以往。最严重的环境污染包括空气污染、土壤污染和水域污染，这一类污染无法治理、不可逆转，不仅对地球环境造成严重伤害，生活在地球上的各类动植物也因此遭受致命打击，人们的子孙后代必须承受这份代价。许多人还不知道，化学药品对环境造成的威胁并不亚于核辐射，将会彻底改变所在地区自然环境的未来。以锶 90 为例，随着核爆结束，锶 90 等等看不见的化学物质融进空气，化于水源，或者掺杂进尘埃，深埋进泥土，成了农作物的肥料。当人类享用着餐桌上的玉米或面包时，我们根本不会想到，锶 90 就这样悄无声息地潜入体内，导致死亡。这样的命运不仅会落在人类头上，无辜的动植物也会遭受到类似的无妄之灾。同样，人们喷洒在耕地、树林和花圃里的农药很难被大自然真正消解，这些化学物质始终潜伏在土壤和地下水深处，仿佛是个挥之不去的幽灵，借助水循环和植物生长，以不同的面貌一次次重新出现，为植物、牲畜和人类带来死亡的威胁。阿尔伯特·施韦泽对此绝望地说："当人们看到亲手缔造的魔鬼时，他们甚至不认识它。"

经过了数亿年的变迁演化，地球才演变成了今天的模样。在过去的岁月里，多种多样的生物在大自然中摸索寻找自己的定位，经历着优胜劣汰的筛选。它们逐渐进化出更合适的形态与习性，与自然环境和谐相处。大自然会对生物做出无声的指引，帮助它们避开岩石的不利辐射，尽可能吸收阳光带来的益处，回避有害的短波辐射，但这一切不是短时间能够完成的，而是须要经过上千年，生物才能进化得适合生存。因此，对于生物进化而言，足够的时间是不可或缺的，在现代世界，我们却已没有这样的时间了。

自从人类掌握了改变环境的力量，我们就开始在自然界里横冲直撞，粗暴地破坏细致精微的演化节奏。我们不仅对地球上原有的岩石辐射、宇宙射线和紫外线辐射进行深入的原子研究，还自行创造了多种多样的非自然辐射，这就使生物进化面临着更复杂的难题。当生物进行演化时，不仅要根据钙、硅、铜和其他矿物质做出变化，还不得不适应人类所创造出的全新化学物质。

即使是大自然，也须要花费漫长的时间来适应这些崭新的物质——对大自然而言，"漫长"往往意味着数百年乃至数千年。或许创造出这种化学物质的那个人早已寿终正寝，就连他的许多代子孙也已经死去，大自然才终于适应了这种化学物质（那还是在奇迹发生的情况下）。然而这一切又有什么用呢？人类创造新物质的速度远远比自然适应新物质更快，我们只能重蹈覆辙。以美国的生物实验室为例，美国科学家每年就研究出五百多种新物质，许多人会对他们的成就感到欣欣鼓舞，几乎没有人会想到这个数字所带来的后果：自然环境每年须要消化五百种新物质，这远远超过了底线。

这些化学物质基本是被研究出来对付大自然的。20世纪40年代中期以来，人类创造出了两百多种崭新的化学药物，由几千家药物厂家投入生产，用来对付所谓的"有害生物"。而在大自然看来，这些"有害生物"也不过是普通昆虫、啮齿动物和野草植被而已，和人类相比，并没有孰优孰劣。

最终，各种各样的化学药物都回到了人们的生活里，这些喷雾和药粉被撒在了人们自己的耕地、花圃、树林和庭院里，它们的杀伤力足以使所有的昆虫因此毙命，无论是益虫还是害虫。鸟儿飞离了这片大地，鱼儿也不再出没于池塘，树叶表层覆盖着不可见的毒素，土壤中深埋着定时炸弹。而人们说，他们原本只想对付杂草和害虫。这些药剂不应被称为杀虫剂，它们是死神手中的镰刀。

而这一切将永无终止的一天。自从滴滴涕（DDT，即双对氯苯基三氯乙烷）民用开始，杀虫剂中的毒性便一次又一次地加重，因为原有的化学物质已经不能使昆虫致死，这一点充分体现了进化论知识，活下来的昆虫具备了更强的抗药性，人类不得不使用毒性更强的化学药物，从此形成恶性循环。更糟糕的是，在喷洒农药过后，依然无法彻底断绝昆虫们再次出现的可能，就这个问题，我们将会在后面的章节里详细解释。总之，人类从来没有真正消灭所谓的"害虫"，却将自己和许许多多无辜生物引向了绝路。

能够毁灭人类的不仅仅是核战争，还有化学物质对自然环境造成的阴霾。这些潜藏着的杀手会藏身于动植物体内，甚至改变动植物的繁衍方向，影响我们的将来。

有些人声称他们能改变人类的遗传细胞，从而彻底改变人类的未来，但是人们在做出这一决定时，应该格外慎重。当我们轻率地改变遗传基因时，可能为地球的未来埋下了无数隐患。然而，我们现在只要不谨慎地使用化学药品就能像辐射一样诱发基因突变。小小的杀虫药会颠覆我们的未来，这句话听起来相当荒谬。

人类付出了这么大的代价，而这一切究竟换来了什么？当后人们翻开记录着我们这段历史的资料，即使是历史学家也要大惑不解：人们为了压制所谓的害虫，不惜将毒药撒向自然界，撒向各种动植物，甚至撒向人类自己。

事实上，这就是我们正在做的事情。很多时候，人们的行动速度远远比思考速度更快。据专家说，大量推广杀虫剂能够确保农作物每年的产量。可我们面临的问题难道是粮食短缺吗？不，有关粮食的困扰恰恰是"生产过剩"！尽管美国政府已经在呼吁尽可能减少耕种，直接补贴农民，但我们每年的农作物产量依然远远超过市场需求。1962年，由于生产过剩的问题实在无法忽视，美国国民不得不多花费十几亿美元用来建造粮仓。美国政府农业部门尝试减产，但在其他部门中仍然存在不同声音："在当前制度下，控制农作物耕地面积会刺激人们扩大使用化学药品，对现有状况根本无法改善！"

我们须要正视农业生产里的害虫问题，但是我们更须要正视现实情况，我们不能根据空想和臆测来判断问题，不能在消灭害虫的同时，也断送了我们自己的未来。

人类给自然环境所带来的灾难是源源不断的，我们试图解决前一个灾难，但错误的处事方式却导致了下一个灾难，这几乎是人类的悲剧宿命。早在人类诞生以前，五十多万种昆虫就已经成为这个星球的原住民。多种多样的昆虫具有强大的适应能力。当人类出现后，一小部分昆虫却开始与人类发生矛盾，矛盾主要围绕着两点：食物与疫病。

在人类集中居住的地方，携带病毒的昆虫必须得到控制。如果该地区格外贫穷，或是发生了天灾人祸，卫生情况必将直线下降，那么携带病毒的昆虫就会对人类造成死亡威胁。在这样的情况下，我们有必要控制昆虫，但是没必要过量使用化学药品。正如前文所说，这非但无法克制昆虫，还会使当前情况变得更糟。

在过去，即使农业条件相当原始简陋，但农民们几乎不会为昆虫而烦恼。随着种植面积迅速扩大，单一农作物占据主流，根据该农作物的特性，相关昆虫将会飞速繁衍，最终对农业种植形成压迫。我们应该明白，单一作物的耕种原本就是人类的产物，不符合自然规律，自然为我们赋予了千万种可能，我们人类却蛮横地断绝了其他路子，破坏了自然界原有的平衡规律。以小麦为例，当小麦在大面积田地里成了唯一农作物，必然会吸引许多以小麦为食的昆虫。和混种农作物的地区相比，这里就破坏了一项制约物种的重要因素，最终使原先的生态环境失衡。

这样的情况并不是第一次发生的。几十年前，美国人希望为自己的城市增添亮色，他们在街道两侧种植了大批榆树，然而，这些榆树却吸引了甲虫的侵袭，带有病毒的甲虫使所有的榆树染病枯死，城市景观毁于一旦。如果当时的城市规划者选用多种树木混合栽种，多半不会得到这样的结果。

从历史与地理的宏观角度来看，昆虫问题将会对现代社会造成更大影响：无数种不同的生物脱离了自己原先所在的环境，流动向全新地域。英国生物学家查尔斯·埃尔顿所著的《入侵生态学》详细描述了白垩纪时期的全球迁徙——当大陆板块出现断裂后，海洋成了天然的隔离屏障，使不同大陆里的生物各自独立繁衍，最后演化出不同的结果。一千多万年前，部分大陆板块再次联结，这些物种迈上了它们没有涉足过的地域，又会产生全新变化。这原本需要自然界的缓慢演化，而人类大大加快了这一进程。

物种变迁的根本原因在于植物引进，动物随着植物发生迁移，最终导致了各种物种的复杂传播，即使是最新出现的卫生检疫手段也无法完全应对。美国的植物引进数目已经达到了20万种，这还仅仅是美国植物引进署所提供的数据。其中有180种植物害虫是引进过程中出现的意外情况，它们往往附在异国植物上。

崭新的地域，崭新的生态环境，再无天敌侵扰，它们以惊人的速度开始繁殖，这就导致了多种多样的昆虫爆发问题。

无论是自然原因还是人为原因，总之，这样的物种传播是很难彻底断绝的，卫生防疫和药物控制只能解决一时的问题。就像埃尔顿博士在书中提到的，我们不只须要找到正确方法应对物种传播，还须要真正理解动植物流动的自然规律，尽可能适应自然，否则只能一次次带来灾难。

许多知识都是我们很容易掌握的，但我们很少会主动学习。美国的政府部门有着专业的生态学从业人士，各个高校中的相关学术资源也是相当丰富的，但我们几乎不会去主动了解。我们对于当前境况真的是一筹莫展的吗？绝非如此。我们只是陷入了思维僵化，麻木等待着命运的到来。其实，只要我们深入思考，尝试更多方法，就完全能够解决当前问题。

我们为什么会失去基本的判断力？为什么我们抛弃了原本的优质生态环境，盲目追求有害的劣质品？究竟是什么蛊惑了人类？生物学家保罗·谢帕德认为，这是因为人们没有意识到当前环境已经濒临崩溃。我们宁愿忍受有毒的食物，宁愿忍受压抑的生活环境，宁愿忍受威胁人们生存的动物，宁愿忍受时时刻刻都存在的汽车噪音，可当这一切都涌到人们面前时，我们也会提出质疑，为什么我们必须忍受这样一个糟糕的世界？

然而，这就是我们所面对着的现实世界。全世界生态专家和防疫管控机构都致力于让世界变得无虫害、无病菌，这最终导致了他们滥用权力。"他们将自己看作检察官、审讯者、陪审员、估税员和执政官，可他们归根结底只是一些昆虫学家。"康涅狄格州的昆虫学家尼里·特纳做出了这样的评价。在当时的联邦政府和州政府中，滥用职权的情况非常严重。

我并没有说我们须要全面禁用化学药物和杀虫剂。我想说的是，我们应当对毒性强烈的化学药品做出限制，尤其不应将它们轻易交给不知情的普通民众。对他们而言，这是相当不公平的。我们的立法者虽然有着出众的才能和智慧，可他们没能料到今天的状况，否则他们一定会在《权利法案》上加上一条：确保公民的生命安全，使他们免受毒药的威胁，无论该威胁来自个人还是政府。

　　除此以外，我还有必要提出另一点，那就是我们对于化学药品的前期研究根本不充足，我们不知道这些化学物质与土壤、水、野生动植物和人类会发生怎样的化学反应，就轻易地大面积使用化学药品。我们对于自然界没有尽到责任，也没有对子孙后代尽到责任，这无可推脱。

　　人们并没有意识到，当前的生态环境里暗藏杀机。越来越多的"专家"声称自己有着独特的观点，但他们几乎不具备宏观眼光。我们正处于一个工业时代，对资本的追求几乎到了不择手段的地步，社会在这方面的接受程度也相当高。即使人们对杀虫剂所带来的恶劣后果提出抗议，相关人员也会讲出一些半真半假的情况来安抚他们。我们必须坚决叫停这种情况，不再粉饰太平、做出虚假宽慰。我们须要让民众了解化学药品带来的真实影响，让人民做出最后的决定。就像法国生物学家让·罗斯丹所说："我们有义务忍受现状，也有权了解真相。"

第三章 死神的药剂

　　人类每时每刻都被迫接受危险的化学物质,从刚出母胎的婴儿到奄奄一息的老人皆无例外,这样的情况简直是从所未见的。在过去的二十年里,人造杀虫剂传遍了各个国家各个地区,自然界里无处不是它们的身影。海洋、溪流,乃至地下暗河都能找到化学物质,即使被埋进土里超过十年,它们也依然无法被彻底消解。最终,这些化学物质通过植物和水源被动物所吸收,鱼类、鸟类、爬行动物、家畜和野生动物都是受害者。科学家的实验表明,这场浩劫波及的范围之广,已经超出了人们的想象。在野外湖泊里的鱼、深藏地下的蚯蚓、鸟巢里的鸟蛋,乃至人们体内,都能检测出残留的化学药品。在今天,几乎没有人能够真正逃脱化学药物的魔爪,它们甚至出现在母乳中,还有可能出现在未出生的婴儿的细胞组织里。

　　这一切的源头在于杀虫剂制造产业的快速发展与扩张。这种工业产生于二战期间,来源于实验室中的一场意外。致力于研究化学武器的工作人员发现,他们研制出来的化学药品可以毒杀昆虫。归根结底,这是一个必然事件,因为昆虫往往是研制生化武器时的测试品。

　　后来,人们开始不断生产用于杀虫的化学药物,他们用巧妙的方法操控分子、改变原子、调整序列,最终形成了如今的杀虫剂。现在,它们已经和二战前的简单药物截然不同了。战前的杀虫药物取自天然矿物质(砷、铜、锰、铅等)和天然植物(干菊花、烟叶、东印度群岛的豆科植物等),并且从中提取尼古丁硫酸盐、鱼藤酮以及其他矿物质化合物。

　　这些人工合成的杀虫剂有着全新的成分,同时也有着更强的效能,其中的化学药品在入侵人体之后,会使人体发生致命病变,最终导致死亡。负责人体免疫的酶会受到破坏,使人体获得能量的氧化过程也会受阻,许多器官的正常功能都会受到影响,更有可能导致细胞慢性病变,后果不堪设想。

　　但是,人类制造化学药物的脚步仍然没有停止,新生的化学药品甚至更加可怕。这些药物被派上了新用场,世界各地都出现了它们的身影。美国人工制造的杀虫剂数量从 1947 年的不到 6 万吨飙升至 1960 年的将近 30 万吨,是原先的 5 倍,而它们总体价值更是高达 2.5 亿美元。这一切不会停止,对化学工业开发者来说,他们才刚刚迈出了第一步。

　　这就是我们必须了解杀虫药的原因,我们的衣食住行都和无处不在的化学物质分不开,就连我们体内都满是化学品残留的痕迹,我们最好能够懂得它们是什么。

　　尽管在二战之后,杀虫剂已经彻底由无机化学品转成了碳分子组合物,部分旧有物质仍然没有被淘汰,举例而言,砷依然是各种化学药物的基本成分。砷是一种含有剧毒的矿物质,分布于金属矿石、火山、大海和泉水中。砷与人类的发展紧密相关。砷的合成物往往没有味道,所以人们经常使用它来毒杀人,剧毒世家波吉亚家族更是将这一用途推上巅峰。两个世纪前,一位英国医生发现烟灰里的砷是致癌物,在与芳香烃化合之后更是如此。

　　在漫长的人类历史中,我们可以查到砷中毒的不少真实案例。砷的污染与滥用使得马、羊、牛、鹿、猪、鱼和蜜蜂等动物中毒致死。在这样的情况下,砷的使用依然没有受到控制,相关喷雾和药粉依然出现在市场上。在美国南部,由于种植棉花的农民给自己的作物喷洒了砷剂,临近的蜜蜂养殖场就遭受了致命的打击,而喷洒砷剂的农民也会受到砷毒的侵害,牲畜更是会因此而死。种植蓝莓的果园中撒着砷药粉，附近的农田、溪水都会受其所害，奶牛和蜜蜂因此毙命，人类也因此病倒。权威机构美国国家癌症研究所的W·C·休伯博士表示，近年，美国对砷污染的处理是欠妥的，工作人员完全不在乎民众的身体健康，任何人看到他们喷洒砷剂时的模样，都会感到震惊。

更可怕的是现代杀虫剂。目前使用的杀虫药剂分为两种，即氯化烃杀虫剂和有机磷杀虫剂，前者以滴滴涕为代表，后者以马拉硫磷和对硫磷为代表。正如我们之前所说过的，这两种化学药品都是由碳原子所组成的，可以称之为"有机物"。要想了解杀虫剂带来的危害，我们就须要明白碳原子的原理，了解生物死去的真正原因。

碳原子是构成生物的基本元素，既可以以链、环结构组合，也可以以其他结构组合，或是与其他物质的原子组成新结构。自然界生物的多样性和碳原子的这一特性分不开，实际上，小到细菌，大到蓝鲸，这些生物体的基本构成元素都是碳原子。除此以外，碳原子还是蛋白质分子的基本成分，同时也是脂肪、碳水化合物、酶和维生素的基本成分。碳原子不一定总是与生物相关，许多非生物也少不了碳原子的参与。

当碳与氢进行组合时，能够构成简单的有机化合物，其中最常见的是甲烷，即沼气，由细菌在水下分解有机物质而成。一旦甲烷与一定比例的空气混合，就会出现"瓦斯"，当它出现在煤矿中时，会给人们带来致命的打击。甲烷的构成是很容易记住的，仅仅包括一个碳原子和四个氢原子。

在研究中，化学家对甲烷的构成做出了多种推敲。他们尝试着改变氢原子，用其他元素加以代替。当科学家们去掉一个氢原子，加入一个氯原子，他们可以顺利得到氯化甲烷；去掉三个氢原子，替换为氯，则能制成麻醉氯仿；如果用氯原子来替代全部的氢原子，最后生成的就是我们随处可见的清洁剂：四氯化碳。

以上这些有关甲烷的简单例子，能够说明氯化烃的变化。可是，烃的变化是相当复杂的，有机化学家的研究创造也是多种多样的。他们不仅仅能改变结构单一的甲烷，还能对复杂的碳水化合物分子做出有趣的改造。碳水化合物分子由碳原子构成，它们的组合方式有可能是环状、链状，还带有侧链以及分支，通过化学键与这些碳原子紧密相连的也不只是氢原子、氯原子，更有可能是各式各样的化学基团。看似细微的变化往往会直接导致物质特性的改变。举例来说，附着在碳原子上的元素可能是多种多样的，而它们附着的位置也截然不同。对于碳原子的研究要精微细致，那些具有剧烈毒性的化学药品正是从这样的研究里产出的。

1874 年，奥地利化学家蔡德勒第一个合成了滴滴涕，当时他还只是个在读的博士生。直到 1939 年，人们才意识到这种化学物质可以作为对抗害虫的武器。滴滴涕立刻得到了广泛使用和高度赞誉。由于这种药物能够帮农民在短时间内肃清田里的害虫，人们将它称为虫害疫病的终结者。将滴滴涕用于杀虫的瑞士化学家保罗·米勒也得到了人们的肯定，荣获诺贝尔奖。

目前，滴滴涕的使用范围是相当广的，而它真正的害处远没有被人们所认知。许多人认为滴滴涕是安全无害的，因为战争时期的士兵、难民和囚犯都用它对抗虱子。即使直接喷撒在皮肤上，也并没有产生任何负面结果，他们认为这种化学药品一定值得信任。然而，这样的看法是错误的。滴滴涕不同于大多数氯化烃药物，呈粉状时很难被肌肤直接吸收，但是它能够溶于油剂，当人们将它溶于油中，所得到的药物则含有剧毒。一旦吞食，就会被食道所吸收，进一步融入肺部。由于滴滴涕有着溶于油脂的特点，在它进入人体后，就会很快溶于富含脂肪的人体器官，包括肾上腺、睾丸、甲状腺、肝脏、肾脏和包裹肠道的脂肪块。

滴滴涕在人体中的积存是一个过程。最初仅仅是食物里残存的最小摄入量，随着时间的推移，这个积存数字就会一步步增大。富含脂肪的体内脏器如同生物放大镜，食物中浓度为 0.1/1000000 的滴滴涕摄入量，积存于体内脏器中就会暴涨一百多倍，累积为 10/1000000~15/1000000。对化学家和药理学家来说，这些术语司空见惯，但对我们普通人来说，它们是陌生的。最小摄入量是一个不起眼的数字，但是它代表着相当惊人的药效，能够使人体发生巨大变化。动物实验证明，3/1000000 的滴滴涕可以对心肌中主要的酶形成限制，5/1000000 的滴滴涕能够使肝细胞彻底失去原有的运转能力，与滴滴涕类似的狄氏剂和氯丹也能做到这一点，所需要的用量甚至不到 3/1000000。

这样的结果并不奇怪。有关人体的化学反应中，小原因导致大后果是很常见的。具体来说，仅仅 0.0002 克的碘就足以决定一个人是健康还是患病，这些杀虫药物残留物就更不用说了。它们在人体内部不断累积，排出的速度却相当缓慢，完全有可能引发肝脏与其他器官的慢性中毒、衰化病变。

人体内的滴滴涕究竟会存留多少？科学家们对此看法不一。在美国食品药品监督管理局任职的药理学者阿诺德·莱曼博士说，人体对滴滴涕的吸收不存在低于某个浓度就不会吸收的下限，也不存在高于某个浓度就会停止吸收和储存的上限。而美国公共卫生署的韦兰·海斯则坚称限度一定是存在的，当滴滴涕摄入超过上限，人体就会将它排出体外。对我们来说，我们现在不必评判这两种观点的对错。据调查显示，大多数人体内所积存着的滴滴涕都已经达到了潜在危险的级别。即使人们没有直接接触滴滴涕，也会通过饮食吸收其残留物，使其体内积存量达到 5.3/1000000~7.4/1000000；从事农业生产的农民们经常使用各种杀虫剂，体内滴滴涕积存量达到 17.7/1000000；而天天都要跟杀虫剂打交道的杀虫剂工厂工人体内滴滴涕积存量最为可怕，竟然高至 648/1000000！由此可见，不同人有着不同的滴滴涕积存量，即使在最好的情况下，滴滴涕也已经对肝脏和其他器官组织形成了损害。

与其他化学品相比，滴滴涕的可怕之处在于它的传递性，这种化学药物能够通过食物链进行传播。举例来说，当农民给种植的苜蓿喷洒了滴滴涕杀虫剂之后，将长成的苜蓿撒给母鸡做饲料，母鸡食用了含有滴滴涕的苜蓿，鸡肉和鸡蛋里都会含有这种化学药物。同样的道理，如果人们将含有滴滴涕的草料喂给奶牛，就算草料滴滴涕含量低至 7/1000000~8/1000000，牛奶中也必定会出现滴滴涕残留物，而含量可能会降低至 3/1000000。但是，一旦出现油脂就会截然不同。将含有滴滴涕的牛奶制成黄油，其含量就会猛增数倍，飙升至 65/1000000。从这个例子中，我们就解答了少量滴滴涕造成严重后果的问题。为此，美国食品药品监督管理局曾经要求管控牛奶品质，但是农民们也一筹莫展，他们几乎找不到干净的奶牛饲料。

母婴之间也存在着这种毒素的传递。美国食品药品监督管理局的科学家们在母乳中检测出了滴滴涕残存物，这就证明化学药品的阴霾已经蔓延向了婴儿。而这甚至不是源头，我们能够确信，早在他们的胎儿时期，就已经被母体中的化学物质毒素所侵染。动物实验证明，氯化烃类杀虫剂完全可以突破胎盘这一保护层，直接入侵动物体内的胚胎，人类的婴儿自然也无法幸免。相比成人来说，婴儿更加脆弱，免疫力更低，他们体内的滴滴涕含量虽少，却也有可能造成恶劣结果，更不用说他们在未来的成长过程中，体内积存的化学物质将会只多不少。

食物中的残留物、体内脏器中的不断累积、对肝脏造成的恶性影响，这一切都让人们不得不严肃看待滴滴涕。1950 年，美国食品药品监督管理局就发布声明，表明人类以往对于滴滴涕的危害的重视程度是不够的。这在医学史上未有先例，而我们并不确定滴滴涕最终会造成怎样的后果。

　　与滴滴涕相似的另一种氯化烃药物名叫氯丹。这种化学药物不仅能够造成同样的恶性影响，相比滴滴涕而言，情况还更为严重。氯丹会长期残存在土壤、食物和接触物表面，很难被彻底清除。氯丹所带的毒素会被肌肤直接吸收，其粉末和喷雾也很容易对人们造成致命威胁。当人们不小心食用了氯丹残留物，它们在消化道中就会被完全消解吸收。在这之后，氯丹将会潜伏于人们体内。2.5/1000000 的氯丹会在脂肪中摇身一变，将这一数据飙升为 75/1000000，这是动物实验给予人类的警示，我们不得不格外小心。

　　1950 年，资深药物学家莱曼博士表示，氯丹中所含的毒性相当强烈，接触到它的人几乎无法避免中毒。但是人们并没有相信他的说法，郊区居民在修剪自家草坪时，依然满不在乎地使用氯丹杀虫剂，这就使毒素得到了可乘之机，能够在他们体内潜伏起来。数月或者数年之后，当施药居民突然发病时，他们甚至不明白真正的病因是什么。在其他情况下，氯丹也可能会直接导致死亡。在一桩意外事件中，浓度高达 25% 的工业溶液直接与受害者的皮肤接触，不到一小时，就致使他中毒丧命。如果人们能够对氯丹的毒性有着正确认知，或许可以及时联系医疗救援，避免这样的悲剧。

　　七氯是氯丹的一种基本成分，能够制作成单独的药剂。与前文中提到的化学药品一样，七氯也可以被储存在人体脂肪中。人们在饮食中须要格外注意，如果饮食中含有 0.1/1000000 的七氯，就会在体内中形成相当多的残留物。七氯的另一个重要特性在于，这种化学物质可以转化成完全不同的环氧七氯。当七氯处于土壤结构中，或是处于动植物组织中，都会出现这样的转变。科学家们用鸟类做的实验表明，与七氯相比，转变后的环氧七氯将会具有四倍以上的剧烈毒性。

　　早在 20 世纪 30 年代中期，氯化萘就被人们发现在工作中经常接触这种特殊烃类的电气工人往往会患上肝炎，最终导致一种少有的肝脏绝症，在饱受折磨后死去。在农业生产方面，人们也有新突破。人们发现，氯化萘就是使牛患病的元凶。结合以上事例，难怪人们要对狄氏剂、艾氏剂和异狄氏剂如临大敌了，因为它们都同属于这一特殊烃类，可以说是毒性最强的药物。

狄氏剂的命名和德国化学家狄尔斯有着密切关系，这种化学药物的毒性是滴滴涕的五倍，这是在直接吞食的情况下；如果是采用皮肤吸收溶液的方式，那么狄氏剂的毒性会比滴滴涕整整高出四十倍。对动物而言，这种情况同样严重，鹌鹑和野鸡在接触狄氏剂后，所产生的中毒反应是滴滴涕的四五十倍。对人类而言，一旦狄氏剂中毒，受害者会在短时间内迅速发病，浑身痉挛，神经系统也会产生严重影响，即使得到救治，肝脏也会受到可怕的损伤，恢复时间将会变得格外漫长。基于以上原因，狄氏剂往往令人们不寒而栗。这种剧烈毒性使它的杀虫效果格外显著。狄氏剂至今都在被人们大面积使用，尽管大批野生动物因此而丧命。

狄氏剂是如何在体内运转的呢？它们如何被储存、分布，如何被排出体外？对这些情况，我们尚不了然。化学家们创造杀虫剂的速度太快了，远远超过了我们认识这些化学物质的速度，更不用说这些药物对生态环境和生物的影响了。我们可以确定的是，狄氏剂在人体中的积存是一种定时炸弹，当人体在特殊情况下须要消耗所积攒的脂肪时，狄氏剂的毒性就会因此而爆发。世界卫生组织在抗击疟疾时，为我们留下了宝贵经验：由于疟蚊已经对滴滴涕产生了抗性，人们转而采用狄氏剂来消灭疟蚊，但可怕的是；许多工作人员因此而狄氏剂中毒。中毒后的病症发作起来相当可怕，大多数人都有剧烈痉挛的表现，有些人在短时间里迅速死亡，有的人在接触狄氏剂四个月后才会表现出痉挛病症。

艾氏剂则是一种奇特的化学物质，尽管它是一种独立存在的药剂，却会在各种情况下与狄氏剂形成密切联系。举例来说，当农民给田地里的萝卜喷撒了艾氏剂后，科学家们检测成熟的萝卜，却会检测出狄氏剂残留的化学物质。这种情况已经不止一次地在土壤和生物体中产生了，科学家们因此而做出了许多错误判断，研究艾氏剂的化学家认定艾氏剂已经彻底消解，万万没想到它们已经在无声无息中转化为了狄氏剂，须要用狄氏剂的检测方法才能让它们现身。

两者的相同之处在于都含有剧毒，一片普通胶囊剂量的艾氏剂就足够让四百只鹌鹑送命。而人类一旦艾氏剂中毒，肝脏和肾脏都会遭到严重影响。在现有案例中，许多受害者都是因从事工业处理而被迫接触艾氏剂的工人。

艾氏剂和大多数同类杀虫剂一样，它们最恶劣的特性会给未来蒙上一层阴霾，那就是不孕症。当野鸡食用小剂量的艾氏剂后，它们不会出现生命危险，但鸡蛋产量和小鸡存活率都会显著降低。除了禽类，哺乳动物也会发生相同的情况。科学家们在怀孕的母鼠和母狗身上做了艾氏剂实验，发现它们产下的幼鼠和幼犬基本都无法存活太久。实验证明，母体内的艾氏剂必然会影响到下一代。对人类而言也是这样吗？我们暂时无法给出确切答案。但是，喷撒农药的飞机已经将艾氏剂撒向了郊外农地。

在所有氯化烃药物中，异狄氏剂堪称是"毒王"。这种药物和狄氏剂的结构在很大程度上都是相似的，仅仅是分子结构中有着细微区别，这点区别就使得异狄氏剂的毒性比狄氏剂高出五倍，如果我们将最早的杀虫剂药物滴滴涕与它相比，滴滴涕几乎可以说是温和无害了。对哺乳动物而言，异狄氏剂的毒性是滴滴涕的 15 倍，对鱼类而言，这一数字高至 30 倍，对鸟类来说，则会飙升至 300 倍。

短短十年之间，喷撒异狄氏剂的地区已经出现了翻天覆地的变化，大量鱼类毙命，牲畜中毒患病，水源也遭受污染无法饮用。美国的州级卫生部门对人们提出严厉警告：轻易使用异狄氏剂，将会危害人类健康！

即使尽可能采取了预防措施，依然有情况严重的异狄氏剂中毒事件。在委内瑞拉的一户家庭中，年轻夫妇在自己的新家里发现蟑螂出没，所以几天后的上午，他们使用了异狄氏剂杀虫喷剂。在喷药之前，这户人家里一岁的孩子和小狗都被送到了户外，杀虫结束后，夫妇两人仔细清洗了地板，直到下午才让孩子和动物进屋。这样的措施并没有明显的疏忽之处，可是悲剧依然发生了。小狗在短时间内开始痉挛呕吐，很快死去，而在当天晚上，这个孩子也出现了类似的症状，他的视觉和听觉都受到了严重损伤，知觉丧失，频繁痉挛，完全成了个植物人。心急如焚的父母将他送往纽约的医院治疗了几个月，却几乎没有好转，连他的主治医生也认为不会再有希望了。

烷基或有机磷酸酯的毒性也相当可怕，作为世界上毒性最强的化学品，这种化学药物同样被人类用于杀虫剂。在使用过程中，如果人类不小心触碰到空气中飘浮的喷剂，或是接触了被喷药的植物，或是在丢弃药剂包装的时候沾染到了残留物，都会立即导致急性中毒。这样剧烈的毒性引起了无数场悲剧。在佛罗里达州，几个孩子用捡拾到的旧袋子修补秋千，短短几天之后，这些孩子都患上了病，其中两个孩子甚至因此而死。检测表明，他们死于对硫磷——一种有机磷酸酯中毒，根源在于他们触碰过的那只旧袋子里残留着对硫磷的杀虫剂。在威斯康星州，两个家庭也经历了这样的惨剧。其中一位父亲给农作物喷撒对硫磷农药，喷雾和粉末飘进了自家院子，玩耍着的孩子因此丧命。另一位父亲将农药喷雾器收在自家谷仓里，孩子在谷仓中玩耍时摆弄了喷雾器喷嘴，同样迎来了悲剧。

这些杀虫剂的产生极具讽刺意味。有机磷酸酯等化学药品已经不是第一天为人所知，二战期间的德国化学家格哈德·施拉德发现了这种药物的杀虫作用，德国政府当即想到，有机磷酸酯可以像杀伤性军事武器一样派上用场。很快，化学药品的研制就成了机密工作，目的在于制造神经毒气用于战争，杀虫剂反而居于次位。

有机磷杀虫剂以一种特异的方式对生物造成影响，这种药物主要会破坏机体内重要的酶，无论对方是昆虫还是普通的恒温动物，有机磷杀虫剂的最终目标都是破坏神经系统。在神经系统的正常运转中，乙酰胆碱在生物机体内传导神经冲动，传导完成后则会立即消解。否则，神经冲动就始终不会停止，最终导致生物机体的颤抖、抽搐、剧烈痉挛，最终致死。因此，乙酰胆碱在神经系统中起到了重要作用，而它存在的时间又相当短，科学家们不得不使用特殊的方法，才能捕捉到神经系统中的乙酰胆碱并顺利取样。

在漫长的演化中，生物机体已经为神经脉冲建立了多一层防护，那就是胆碱酯酶的保护性酶。一旦生物机体不需要传导物质，就会由酶来消除多余的乙酰胆碱，保证生物机体的健康。但是，在有机磷杀虫剂侵入机体之后，这种化学药物就会破坏保护性酶，导致乙酰胆碱的积存。在危害神经系统这方面，有机磷化合物和毒菇毒蝇伞中的毒蝇碱很相像。

多次使用杀虫剂必然会使胆碱酯酶降低至危险值，一丝一毫的数值波动都会危害生命。所以，从事杀虫剂生产及农业使用化学药物的相关工作者须要进行定期体检，尤其要重视血液检查。

在有机磷酸酯这一大类中，对硫磷是其中应用最广、功效最强、毒性最剧烈的一种药物。如果蜜蜂对硫磷中毒，将会表现得攻击性极强，在短时间内剧烈飞动，不到三十分钟就会被毒死。曾经有一位化学家决定亲身试验人类对对硫磷的承受程度，他吞食了约0.12克的微量对硫磷，毒性立即蔓延到全身，就连动一动手指也做不到，准备好的解毒剂更是无法服用，他就这样结束了自己的生命。对硫磷会被用来自杀，不少芬兰人就曾经这样做，而在大多数情况下，对硫磷中毒都是出于意外。美国加利福尼亚州每年会有

200 例对硫磷中毒的意外事件。1958 年，印度发生了 100 例中毒事件，叙利亚发生 67 例，日本发生 336 例。

即使出现了这样庞大的数据，对对硫磷杀虫剂的使用量依然没有得到控制。超过三千吨的对硫磷被用于美国农业生产，包括人工喷撒、鼓风机、喷雾器和飞机高空作业，剧毒物质被撒向农田与果圃。据一位权威的医学工作者说，他们统计了加利福尼亚州所使用的对硫磷，仅用其中的 10%~20%，就可以轻而易举地毁灭所有地球人口。

在这样大剂量使用对硫磷的情况下，人类依然侥幸逃生，这是因为对硫磷和类似的化学药品都具有易分解的特性。与氯化烃相比，它们不容易积存在农作物上，但即使如此，因对硫磷而中毒致死的人依然不在少数。加州河滨市就发生了这样的情况，在三十多位采摘柑橘的果农中，十一位果农对硫磷中毒，基本都被送往医院救治。究其原因，是这片果园在大半个月前喷撒过对硫磷杀虫剂，经过十几天的消散，残留的化学药物依然使得这些果农频频干呕，视力减退，几乎昏迷不醒。不只如此，提前一个月喷撒药物的果园也依然会存在类似情况，就算在果园中使用对硫磷半年后，科学家们依然能在橘皮里找到化学品残留物。因此，我们可以想象那些农田、果圃、葡萄园里的农人们在频繁使用有机磷杀虫剂时，究竟冒着怎样的巨大风险，而这不过是他们的日常工作。随着意外中毒的患者越来越多，美国的一些州政府设立了医学实验室，医生们可以在这里治疗中毒患者。须要注意的是，在接触患者时须要格外小心防护。洗衣女工由于触碰患者衣服而患病就是活生生的例子，因此，医生在救治过程中须要戴上橡胶手套。

另一种出名的有机磷酸酯名叫马拉硫磷，熟悉滴滴涕的人们基本都会熟悉这种化学药物，他们将马拉硫磷用于园林和家庭灭虫之中。当佛罗里达州的居民为了数十万公顷农田里的地中海果蝇而头疼不已时，马拉硫磷帮他们解决了这一困扰。很多人相信马拉硫磷在同类化学药物中毒性最小，因此完全不须要谨慎使用，杀虫剂相关的商业广告也反复向人们灌输着这一观点。

实际上，对马拉硫磷掉以轻心是相当危险的，但是直到几年后，这一行为的弊端才显现出来。人类往往无法摆脱这样的规律。我们之所以相信马拉硫磷的安全性，是因为哺乳动物的肝脏拥有自我防护功能，其中的一种酶能够有效地解除马拉硫磷的毒性。但是，当肝脏本身的保护功能遭到攻击时，马拉硫磷的毒性无法消解，就会被人体全部吸收。人们无法完全避免不幸的情况。几年前，美国食品药品监督管理局的科学工作者就在实验中发现，当马拉硫磷遇到其他的某些有机磷酸酯时，毒性又可能会成倍增加，高达两种物质毒性总和的五十倍。即使人们只沾染了两种化学药物致死量的 1%，混合之后就足以致命。

人们由此意识到，不同化学药物在组合之后的反应亟待研究。目前研究显示，有机磷酸酯的结合会导致严重的后果，尤其在用于防护的酶被破坏之后，化学药物中的毒性将会迅速增强。即使两种化合物并不是同时使用的，依然会出现这样的情况。举例来说，如果一个农民在两星期内先后给自己的农田喷撒不同的杀虫剂，就会有可能导致中毒；而一位食客食用餐桌上的沙拉时，沙拉碗中不同的蔬菜也可能喷撒过不同的有机磷酸酯杀虫剂，从而导致食客中毒。

尽管我们不完全了解各种化学品的组合风险，但是科学研究得到的消息一次次使人们感到担忧。科学家发现，不只是杀虫剂之间的化学反应会使有机磷酸酯毒性更烈，就连完全不相干的药剂也会产生反应，导致悲剧后果。比如，一种增塑剂中含有抑制肝脏酶的成分，当增塑剂和杀虫剂共同使用时，就会产生马拉硫磷剧毒。

如此看来，在人类使用其他化学品时，都要冒着类似的风险。人们不由得提出问题，我们可以安全地使用药物吗？据科学家研究显示，有机磷酸酯与某些肌肉松弛药剂会产生化学反应，增强毒性；当它们与巴比妥酸盐接触后，巴比妥酸盐将会在一段时间内失去原有的作用。

古希腊神话有一个这样的故事：女巫美狄亚察觉自己的丈夫不忠，她在愤怒和嫉恨之下，给他的新恋人赠送了一条施有诅咒的华丽裙子，那女孩穿上新衣后立即死去。而今天，我们已经能在生活中找到这种可怕的诅咒物——"内吸杀虫剂"。这种毒物一旦触碰了植物和动物，就相当于给它们施上了诅咒，之后接触到它们的昆虫就会因此死亡，无论是触碰到植物汁液还是吸食了动物血液。

内吸杀虫剂内含着一个可怕的世界，格林兄弟无法创造出这样的世界，查尔斯·亚当斯的漫画或许可以描绘一二。在这里，郁郁葱葱的森林中隐藏着死神的身影，栖息在植物上的昆虫一旦吸食了植物汁液就会立刻暴毙。在这里，小狗的血液里满浸着毒汁，会导致吸血的跳蚤死亡；植物挥发的气体将会变成毒气，致使昆虫死亡；盛开的花朵是带着剧毒的，当蜜蜂采粉回巢后，酿出的蜂蜜也剧毒无比。

应用昆虫学家猜想到，自然规律可以为我们所用。实际事例表明，硒酸钠土壤所培育出的小麦不惧怕蚜虫和蜘蛛的袭击。科学家们由此想到，或许我们可以将杀虫剂直接植入植物内部。硒就是首先得到使用的内吸杀虫剂，这种化学物质是自然生成的，在许多岩石土壤中都能找到它的身影。

如果某种化学品能够渗入动物或植物机体，使这种动植物从此带有毒素，那么我们就将这种化学品称为内吸杀虫剂。人工合成的氯化烃和有机磷就符合这样的定义，而部分自然物质也有这样的特点。在生活中，我们使用到的内吸杀虫剂大部分和有机磷分不开，因为有机磷化学品残留的药物相对较少。

除此之外，内吸杀虫剂还有一些隐蔽的作用方式。如果将种子包衣与碳相融合，化学物质就会融进种子内，使下一代植物也具备药物特质，毒死各种噬咬植物的昆虫。在豌豆、蚕豆、甜菜、棉花等植物上，农业工作者已经尝试了这种杀虫方法。1959 年加利福尼亚的农场工人在工作时发病，就是因为他们接触了加工药剂的种子袋，这些棉花种子基本都有杀虫剂涂层。

英国科学家希望能研究出蜜蜂采蜜是否会受到内吸杀虫剂的影响。他们前往八甲磷农药喷撒地区，这里的植物在生长初期喷撒过农药，后来结出的花朵、产出的花蜜依然有毒。实验证实，蜂蜜也会被内吸杀虫剂所污染。

科学家们研制出的动物内吸剂一般是用于寄生虫，最常见的破坏性寄生虫是附着在牲畜身上的牛蛆。该如何平衡杀虫效果与牲畜安全？科学家们为此煞费苦心，他们尝试过小剂量用药，但是据政府机构的兽医指出，这样会对动物体内的保护性酶形成损伤，因此，即使是小剂量的药物也受到了严格限制。

这些情况表明，我们的生活与化学药物已经越来越近。如果你的宠物犬无法彻底摆脱虱子，你可以给它喂食动物内吸剂，从此便不必为虱子而烦恼。农田里的植物、牧场牲畜、家里的宠物犬……接下来是不是就轮到人类了呢？我们不得而知，但是人类内吸剂完全有可能被发明出来，用来应付蚊虫叮咬。

至今为止，我们谈论的化学药品都是人们对付昆虫的产物，那么当人类面对杂草的侵扰时，是怎样做的呢？

人类为清除野草而专门研制了化学品，并将它命名为除草剂（除莠剂），有关这种化学药品的具体使用情况，第六章将会有具体描述。现在，我们主要讨论的问题是，除草剂中是否有毒？使用除草剂是否会破坏生态环境？

主流观点认为，除草剂的毒性仅仅针对植物，人类与动物都不必担心受到除草剂的影响，但我们只须要稍加研究，就会发现这样的观点站不住脚。除草剂中含有的化学品复杂多样，与其他化学药品形成反应后，更是有可能伤害到生物机体。这其中有的是毒药，有的会刺激胃肠使人高烧，有的会致癌，有的会导致遗传物质异变。总之，盲目相信除草剂的安全性绝对是错误的，滥用化学品必然会导致危害。

尽管实验室里的新药正在不断地被产出，但砷化合物的使用依然没有得到控制，杀虫剂和除草剂中用到的亚砷酸钠中都包含砷化合物。我们在前文已经详细介绍了这种化学品对生物造成的威胁：给路边杂草喷撒除草剂后，奶牛、各种牲畜和野生动物都因此而死；给水草喷撒除草剂后，公共水域就会受到污染；给土豆田里的藤蔓喷撒除草剂后，人和动物都会中毒致死。

20世纪50年代开始，英国农民开始为土豆田施用含砷的除草剂，这是因为他们惯用的硫酸不足了。英国农业部门要求农民在田地里张贴"此地施用含砷农药"的警示，但是家养的牲畜无法理解这句警示，我们可以合理推测，鸟儿和野生动物也无法理解，由此出现的牲畜砷中毒事件也就不会引人意外了。可是直到有人类因此而死时，化学药厂才终于停止了含砷农药的生产。那是在1959年，受害者是一名农妇，她饮用了受砷污染的水而中毒死亡。在大型化学公司召回已售出的商品之后，农业部也出台了相关要求，由于砷剂给人与动物造成的威胁，类似农药将受到严格限制。两年后澳大利亚也发布了类似禁令，但是美国政府却没有相关的指示。

部分除草剂中包含着二硝基化合物。在美国，这种化学药品曾经登上过同类药物的头号危险名单。由于它有着促进新陈代谢的强力功效，许多减肥药厂家会把这种药物作为主要成分，然而，造成中毒的剂量仅比瘦身剂量多一点点，不少服用减肥药的人长期受到毒素折磨，甚至出现了死亡案例，减肥药因此受到了严格管控。

五氯苯酚（五氯酚）是一种与之类似的化学药物，除草剂和杀虫剂中都会用到它，这种药物经常会被喷撒在铁路附近、荒郊野岭和藏污纳垢的地方。五氯苯酚的毒性足以杀死细菌，但它对人类也是致命的。五氯苯酚和二硝基有着相同的特点，都能阻截人体内的能量，使得中毒的生物逐渐耗尽生命力。不久前，一例出现在加州的严重事故就和五氯苯酚有关：一位油罐车司机在配制棉花脱叶剂时，使用到了柴油和五氯苯酚，操作时不小心将五氯苯酚的桶塞掉进了桶里，这位司机伸手浸入溶液里捞取桶塞，即使已经立刻洗手清洁，但毒性还是深入肌理，第二天他就暴病而死。

当除草剂中用到亚砷酸钠或苯酚时，我们可以轻易看到化学药物造成的恶劣后果，但是仍然有一些药物的恶性影响处于隐蔽阶段。例如，含有氨基三唑的蔓越莓除草剂（杀草强）一直被人们看作低毒性除草剂，但是研究证明，长期使用这种除草剂的人更容易患上甲状腺癌，野生动物也承担着同样的风险。

在除草剂中使用到的化学药物里，部分化学药物会诱发突变，有可能对人类基因乃至下一代人类产生影响。很多人为此惊惧不已，那么我们是否应该尽可能克制散播化学药物，不再对自然环境漠不关心？

第四章 地表水和地下海

对人类而言，水是最珍贵的自然资源。尽管地球上有着丰富的海洋资源，大面积的海水围绕着地球陆地，但很多人依然被缺水所困扰，这是因为农业、工业和日常饮用水都需要淡水资源，含有大量盐分的海水无法直接为人们所用。水资源短缺是全世界人类都须要面对的难题，然而，越来越多的人只看眼下，他们忘记了过往的历史，不在乎未来的生存需求，对水资源和各种自然资源抱以冷漠的态度。

由于大部分人类都秉持着这样的态度，杀虫剂导致的水污染也就不难理解了。目前自然水源的藏污纳垢有着多种原因：核反应堆、实验废料、医疗废料、核爆产生的废尘、生活垃圾、化工废料……而现在，出现在田间地头、树林花圃里的化学药剂使得情况更加糟糕。相比而言，这些化学药剂比先前所说的各种污染危害更大，一旦在不同药物之间出现了化学反应，情况的严重程度更是会成倍增长。

从化学实验室里开始研制化学药物开始，自然水源就受到了来自人类的威胁，一旦水资源受到污染，人类所面临的风险也会进一步加大。我们知道，合成化学药物的产出始于 1940 年前后，几十年过去，它们如今的队伍更是发展壮大，这些化学废料连续不断地排进了河水中，不同性质的垃圾混合在一起，往往会使工厂的净水技术也派不上用场。这些黑乎乎的废弃垃圾与河道里的淤泥混杂在一起，非但很难分解，甚至很难识别，负责卫生净化的工作人员只能笼统地将它们称为"糊状物"，就连麻省理工学院的专业教授也承认，环境工程师对这些糊状物的识别和后续研究束手无策。在一次国会委员会上，罗尔夫·埃利亚森教授说："我们一无所知，不知道这种东西的组成部分，也不知道它们带来的影响。"

这些化学药物原本的用途是为了控制昆虫、啮齿动物或者野生杂草，可是现在，它们却直接导致了有机污染物的出现。这些污染物有些是针对水生植物、水生昆虫或不受欢迎的鱼类，有些是为了除掉森林里的害虫（某州曾经对约 100 万公顷的森林大面积喷撒杀虫剂）。在这样的情况下，成百上千吨的化学药物将会进入水源，渗入土壤，有些会污染地下水，有些会融入水循环，最终都将流往大海。

我们能够在各种水源里找到化学品残留物，包括小溪、河流、公共用水。举例来说，在宾夕法尼亚州的果园里采集到的饮用水可以轻而易举地杀死鱼类，所需时间不到四小时，足以证明化学残留物的严重程度。当溪水流经喷过药的棉花田，也会被致命毒素污染，即使净化过后也效果不大。有些农田喷撒了毒杀芬（氯化烃药物），流经这里的溪流便杀死了亚拉巴马州田纳西河十几条支流里的鱼类，两条支流还通向城市用水。我们发现，即使喷撒药剂后已经过了一周，水里的毒素依然无法消解，下游水箱里不断死去的金鱼尸体就证明了这一点。

人们很难发现这些无形无迹的化学药物，除非亲眼看到无数死去的鱼类，这些污染物的存在才真正得到证实。到目前为止，我们还没有办法检测出水质中化学残留的具体数据，也无法清除这些残留物。我们只知道这些污染存在于水中，并且很可能已经蔓延到了美国的主要河流，就像大多数地表物质一样。

杀虫剂已经大面积地污染了我们的水域，如果有人对此提出异议，完全可以去阅读美国鱼类与野生动物管理局的研究报告。这份报告发表于 1960 年，研究人员致力于调查鱼类体内是否也有杀虫剂残留物，是否与恒温动物面临着相同的风险。首批实验鱼类来自西部林区，在那里，当地人曾经喷撒过大量滴滴涕用来对抗云杉蚜虫。实验证明，这些鱼类都被滴滴涕所污染了。随即，研究人员选取了西部林区约50公里外水中的鱼类进行研究，研究结果使他们深感意外：即使隔着一条巨大瀑布，即使第二批样本里的鱼类都生活在溪水上游，它们依然遭到了滴滴涕污染。这些狡猾的化学物质究竟是怎样传播的？通过空气还是地下水？研究人员的又一次实验证明，处于产卵阶段的鱼类体内也含有滴滴涕残留物，而它们所处的地方是没有喷过任何农药的深井。如此看来，传播污染物的渠道只能是地下水了。

在所有水污染治理情况中，治理地下水是最困难的。一旦在某地水源中使用了杀虫剂，整体地下水系统都会受到影响。自然环境始终是循环而开放的，水资源也同样如此。雨水从高空中坠落，渗入岩石土壤，渗入地底，渗入遍布水汽的岩石层，最终汇入漆黑的地下水系统，随山而高，随谷而低。地下水始终在不断流动着，最快时十天就能流动约1.6公里，最慢时一年也流不过16米。在特殊情况下，地下水会经由泉眼涌出地面，有时会作为井水由人们饮用，不过这都是少见的。大多数时候里，它们汇入溪水，汇入河流，汇向汪洋大海。我们可以确切地说，全世界的水资源都与地下水相通（雨水与地表径流除外），一旦地下水受到污染，所有水资源都会迎来厄运。

我们可以确信，科罗拉多工厂里排出的有害化学废料，必然也流经了这样一条漆黑的地下河，当它流经农田时，庄稼纷纷枯萎，当它流经井水时，饮水的人和动物纷纷病倒。尽管这样的情况很少见，但我们无法保证这是唯一一个案例。简单来说，这个事件的发生过程是这样的：1943年，丹佛周围的落基山兵工厂为美国军队制造军备武器。八年过后，兵工厂停工，厂内设备转租给了私人石油工厂加工杀虫剂。但是，工人们还没有投入工作，周围的农民就提出了大规模抗议。不知道为什么，他们的庄稼大批受损，树木枯死，牲畜患病，就连人也没有幸免。许多当地人认为，这跟兵工厂的工业生产脱不开关系。

这里的灌溉用水取自浅层水井。1959年，当美国各州与联邦政府派遣来的调研人员检测了当地水井后，他们发现水中的化学物残留物显著超标。落基山兵工厂在生产军备武器期间，将他们的化学废料都排进了蓄水池，氯化物、氯酸盐、磷酸盐、氟化物和砷都渗入了兵工厂附近的地下水。随着时间变迁，七八年之后，地下水中的化学残留物已经向着周围农场的方向蔓延了近5公里。而且，这样的渗透是人们无法干预的，受污染的地下水将来会流向哪里？即使是调研人员也不得而知。

目前的情况已经够让人头疼的了，可是更匪夷所思的一点是，研究人员在农用井水和工厂蓄水池中检测到了除草剂2,4-D（2,4-二氯苯氧乙酸），这就是农田庄稼遭到破坏的真实原因。可是，生产军备物资的兵工厂又怎么会用到除草剂呢？

经过长时间的调查研究，兵工厂化学家得出了最后的结论：这里的除草剂 2,4-D 并非人造，而是自然合成的。在这片蓄水池中，工厂排出的各类化学物质与空气、水、日光发生反应，形成了一个天然的实验室，在没有人为干预的情况下，天然实验室中巧合地生成了除草剂 2,4-D 这种除灭植物的化学药物。

这就是科罗拉多农场事件的真相，这件事也使人们产生了更深的思考：其他地方是否也已经出现了类似案例？其他受污染的水源会得到怎样的处理？如果化学残留物随着地下水流入湖泊和河流，与空气日光发生化学反应，这些原本温和无害的化学品，是否就会突然露出狰狞的一面？

有关水资源污染，人们最担忧的是，无论任何情况下人类都无法保证自己的安全。浇灌农田的水渠、连接城市的河流，甚至是自家的水龙头里，都会包含着很难消解的化学物质。这些化学物质并不是化学家人为合成的，而是在日光空气中自然形成的，这一点使美国公共卫生署的工作人员充满警惕，他们担忧地表示，或许在将来的某一天，在某种特殊条件的催化下，这些原本无害的化学物质会大批量地转化为毒素。正如我们所知，化学反应有可能发生在不同的化学物质之间，也有可能发生在排进河水的化学废料之中，一旦符合反应条件，原子就会在短时间内重新组合，改变参与反应的化学物质的性质，极有可能出现恶劣后果。

受污染的水资源并不只是地下水。由于水循环的影响，小溪、河水、灌溉水渠都会受到化学物质的污染，我们在图利湖与南克拉玛斯湖附近的国家野生动物保护区里，就发现了这样的污染情况。保护区地处加州，所使用的水源与俄勒冈州的北克拉玛斯湖同处于一个水源体系，溪水河流交织成一幅密集的网，而各个野生动物保护区就是水源网上的网结。这片野生动物保护区已经开发出了成熟的排水系统，不少水鸟在沼泽、湿地和河流中栖息。

北克拉玛斯湖的水源通过水渠引向附近的农田，各个水渠最终汇合流往图利湖、南克拉玛斯湖。农田灌溉用水与野生动物栖息地的水源相通，这一点对理解接下来发生的情况至关重要。

1960 年夏，数百具鸟尸或奄奄一息的鸟类出现在图利湖与南克拉玛斯湖，工作人员发现，这些鸟类几乎都是食鱼鸟类（苍鹭、鹈鹕、鸥鸟等），科学家能从它们体内检测到杀虫剂的遗留成分，包括毒杀芬、滴滴滴（DDD）以及滴滴伊（DDE），这些化学成分同样出现于他们对鱼类、浮游生物的检测中。工作人员认为，之所以会出现这些杀虫剂残留物质，就是因为农业用水与动物保护区水域相通，原本针对农田害虫的杀虫剂最终毒杀了野生动物。

野生动物保护区的水污染使情况不同于以往。在这里，人们再也看不到水鸟如飘缎般振翅飞过夜空的美景了，就连野鸭猎人也为此难过。对于西部水鸟而言，这里的野生动物保护区相当重要，这是太平洋候鸟迁徙时的必经之地，仿佛是漏斗最细的地方。每到候鸟迁徙的秋季，数百万只野鸭和大雁都从白令海峡至哈德逊湾中飞来，全太平洋候鸟中的75%都聚集在此。每年夏天，濒危物种美洲潜鸭和棕硬尾鸭都可以在这里找到栖息地。如果连这里的水源都受到污染，所有西部地区的水鸟都会遭到致命的打击。

水是自然界的生命之源。尘埃般的浮游生物细胞、微不可见的水蚤、以藻类为食的小鱼，乃至大鱼、水鸟、水貂、浣熊，在这条食物链上，它们都必须依赖水源才能存活。正如我们所知，水中的矿物质会通过食物链传递，同样的道理，有毒的化学物质也会因此而传播。

发生在加州清水湖的状况证明了这一点。旧金山的钓鱼爱好者往往会向北驱车近150公里，前往清水湖垂钓一整天。这里的湖水并不清澈，恰恰相反，肮脏的淤泥积在浑浊的水底，不少蚋虫在这里找到了容身之所。渔民和生活在这里的游客被蚋虫折磨得头疼不已。蚋虫虽然和蚊子同属，但这种小虫子不以吸血为生，也不会叮咬动物，它们以其飞快的繁衍速度和庞大数量来侵扰人类。人类尝试了各种方法来灭虫杀虫，但效果并不显著，直到1940年前后，氯化烃药物被大面积推广，滴滴滴是首先被用到的杀虫剂，这种药物与滴滴涕类似，但相对来说不容易误伤鱼类。

最开始，没有人料到杀虫剂会造成恶劣后果。1949年，人们在清水湖附近实地勘察，检测水量，严格地将杀虫剂剂量控制在七千万分之一。很快人们发现，这样的剂量不足以应对清水湖的蚋虫，1954年，他们将滴滴滴使用量调至五千万分之一，圆满完成了灭虫工作。

直到几年后的冬天，人们才逐渐发现了杀虫剂造成的后果：前来清水湖迁徙过冬的北美鹧鹕出现了大批量的死亡,工作人员找到的鸟尸总计有一百多具。这种天鹅般的鸟类一般生活在美国西部和加拿大,它们有着洁白羽毛、修长脖颈,乌黑的脑袋优雅昂起,当它们轻柔滑过平静无波的湖面时,羽翼下往往还庇护着刚出壳几小时的灰色幼鸟。

1957年,当人们第三次设法应付那些密密麻麻的蚋虫后,杀虫剂用量再一次提升,北美鹧鹕的死亡量也随之升高。科学家对这些鸟类的尸体进行集中检测,并未发现疫病病菌,但当他们提取了死鸟的脂肪组织后,却在其中检测到了大量滴滴滴,浓度高达1600/1000000。

要知道,科学家们在湖水中检测到的杀虫剂最大浓度仅仅为0.02/1000000,鹧鹕体内为什么会出现这样高浓度的化学物质?根据科学家的推测,整个过程是这样的:湖中的浮游生物吸收了水中的杀虫剂毒素,小鱼和水中昆虫吞食了浮游生物,随之又被大鱼吃掉,当鹧鹕吞食了水中的鱼类后,杀虫剂毒素便经由食物链一环环推进,这样的故事犹如童谣《这是杰克建的房子》。据检测,浮游生物体内包含的化学毒素为5/1000000,约为水中药物浓度的250倍;当小鱼食用浮藻之后,化学毒素含量在小鱼体内成倍增加,高至40/1000000~300/1000000;肉食鱼类体内积攒的化学毒素是最惊人的,以鲇鱼举例,其体内毒素浓度就高达2500/1000000!

很快,科学家们发现了更令人惊讶的现象:他们检测了投放杀虫剂的水域,却没有在水中检测到滴滴滴残留物——原来,化学药物中的毒素已经在短时间内被湖中生物所吸收。将药物停用将近两年之后,科学家们依然能在浮游生物体内检测出残留物,这意味着浮游生物会以繁衍的方式将毒素代代相传,动物同样如此。当我们对鱼类、鸟类和青蛙逐一进行检测后,我们发现这些动物体内的滴滴滴含量都超过了水中的毒素浓度。在停药将近一年后新生的小鱼、鹧鹕、加州鸥鸟也是这样,鸥鸟体内检测到的滴滴滴浓度甚至超过了 2000/1000000。在这件事发生之后，鸊鷉的繁殖量也受到了明显影响。在此之前，清水湖畔的鸊鷉繁殖群多达一千多对，而到了 1960 年，湖畔的鸊鷉已经寥寥无几，仅剩的 30 对鸊鷉几乎不再拥有繁殖能力，清水湖上再也没有鸊鷉幼鸟依偎在父母旁的身影。

研究证明，毒素传递链条的起始端是小小的浮游植物，是它们首次浓缩了水中的化学毒素，并且通过水中昆虫、虾、鱼类、水鸟来层层传递。那么，居于食物链顶端的人类是否面临更大的风险？当一位垂钓者在清水湖满载而归、准备回家饱餐一顿时，他又会迎来怎样的结果？高度浓缩的滴滴滴残留物会给人类造成怎样的伤害？

加州公共卫生署坚称滴滴滴残留物不会对人类造成伤害，但是保险起见，他们仍然在 1959 年颁布了清水湖滴滴滴禁令。鉴于这种化学物质对清水湖栖息动物已经造成的伤害，这样的禁令是相当合理的。和其他杀虫剂相比，滴滴滴有着相当致命的特性，那就是这种物质对肾上腺皮质外层细胞的破坏。1948 年时，人们认为滴滴滴的这种特性仅仅针对狗，因为针对兔子、老鼠、猴子的动物实验结果正常。但是，随着研究深入，人们发现患有艾迪生病的病人也表现出了类似的特性。医学研究显示，滴滴滴对人类肾上腺皮质表现出了显著的细胞破坏力，目前，临床医学将这一特点用于治疗肾上腺方面的特殊癌症。

清水湖当前的污染程度引起了人们的警惕：我们将化学物质用于除虫工作是否正确？相较化学物质给人类和动物造成的危害，这样的防治措施是否不值得？即使工作人员严格控制杀虫剂用量也没有用，因为化学毒素能够通过食物链以惊人的速度不断积累提升。为了解决小小的杀虫问题，却对大多数生物的生存环境造成威胁，这样的情况目前大量存在，清水湖并不是个例。人们除去了水中的蚋虫，却给水生动物和我们的饮用水里埋下了定时炸弹，将会给人们带来未知的风险。

令人震惊的一点是，我们已经对于往水中投放药物的情况习以为常，而这种药物往往是用作渔猎。人们宁愿承担水资源污染的风险，宁愿为了净化饮用水多花一笔钱，也不愿舍弃渔猎的乐趣。垂钓爱好者为了创造更好的渔猎环境，说服水库的管理人员在水中投放药物，清理那些不适于垂钓的鱼类，这样的理由听起来相当荒诞，几乎让人误以为自己身处于爱丽丝的奇幻世界。水库原本是居民饮用水的来源，为了满足垂钓爱好者的需求，当地不知情的居民不得不付钱支付净水费用，或者更糟——直接饮用毒素未净化的水。

杀虫剂中包含的各类毒素已经侵入地下水和小溪河流，不久就将通过水循环侵入我们的饮用水系统，对人类造成全面威胁。任职于美国国家癌症研究所的休伯博士指出，未来很大一部分的癌症患者将会是因为饮水污染而患病。其实，水污染致癌的先例早在1950年前后就已经出现了。不同城市的饮用水源头不同，饮用河水的城市将会比饮用井水的城市有更多患癌死亡的病人。罪魁祸首是致癌物砷，人们在矿渣垃圾和天然岩石中都能找到这种化学物质，它已经不是首次造成水污染并引起癌症大面积蔓延了，归根结底还是由于人类频繁使用含砷杀虫剂。一旦杀虫剂渗入土壤，残留的化学物质砷就会渗入地下水，连同雨水一起汇入河流、水库，乃至海洋。

由此，大自然再次向我们强调，自然界中所有个体都有着千丝万缕的联系，为了解决目前的污染问题，我们须要尽可能了解所有基本资源，其中就包括重要资源——土壤。

第五章 土壤的王国

　　土壤虽然只是陆地上薄薄的一层覆盖,却决定着包括我们在内的陆生动物的生存环境。陆地植物必须依靠土壤,才能生长;而动物则必须依靠植物,才能生存。

　　但事情是相互的,土壤和我们的农业基础生活相伴相生。首先,无论是动物还是植物,都和土壤的来源及特点有着不可分割的关系。土壤来自数亿年前生物与非生物的相互作用,因此在某种程度上,可以说它是由生命创造的。河水冲刷着岩石,火山喷发着岩浆,冰霜掘穿了岩层,土壤的原材料就在这些地表活动中诞生了。接着就轮到生物了,它们将这原材料进一步加以改造,土壤就出现了。地衣——也就是岩石上的覆盖物,能够分泌出酸,这种酸使得岩石被分解成了其他生命的生存空间。破碎的地衣、昆虫的外壳和海洋生物的残骸将它变成了最初的土壤。而苔藓也开始在这种土壤里壮大自己的生命。

　　来源于生命的不仅仅是土壤,还有土壤中多彩的生物。正是由于有了生命活动,土壤才从贫瘠而孤独的状态变成了包容万物的给予者,给予了我们的星球一抹浓墨重彩的绿色。

　　土壤不是一成不变的,在它内部早就有了一个完整的、无穷的循环。土壤中不断出现新的物质,因为有机物会腐烂,岩石会分解,雨水会带来各种气体。同时,土壤中的一些物质也会暂时性地被生物带走。土壤的化学变化一刻也没有停歇,它将从空气和水获取的元素转化为植物生长所需的物质,每一次重要的变化都精巧而微妙。生物体也以活性剂的身份,参与了这些变化。

在这土壤构成的黑暗国度里，有着众多的生物，虽然它们饱受忽视，可如果你愿意去研究，会发现它们是很有趣的。我们对于这些事物知之甚少。它们之间是如何产生联系的？又是如何与地表和土壤产生联系的？这是一个值得研究的问题。

土壤中最重要的生物或许正是那些体积最小的生物——细菌和真菌。当你舀起一勺地表土的时候，里面可能有上亿细菌，于是对细菌的研究总是伴随着天文数字。虽然它们很小，但从约 4047 平方米的沃土中取约 30 厘米厚的地表土来计量，里边的细菌重量超过 450 千克。放线菌的数量比细菌少，但在等量的土壤中你会取到与细菌差不多重的放线菌，因为它呈长长的丝状，体积比细菌要大。土壤当中的微植物世界，就由菌类与藻类共同构成。

负责把动植物的残骸通过腐烂还原成无机物的，就是细菌、真菌和藻类。这些微小的生物负责的都是大工程，它们决定着各类元素能否进行工程浩大的循环（如碳和氮在土壤、空气和生物组织中的运动），例如固氮细菌能够让植物不会缺氮枯死。一些有机体所产生的二氧化碳变成碳酸，有助于溶解岩石。而其他的微生物能够在土壤中氧化和还原，通过它们的工作，植物更易吸收铁、硫等诸如此类的矿物质。

弹尾虫是土壤中的一种原始无翅昆虫，它和许多螨类负责分解植物的残枝落叶，以及将森林中的地表物质转变成土壤，尽管体格微小，它们的作用却很重要。它们有许多奇异的特性，举个例子来说吧，有些螨类只能在云杉落叶中过活，它们生活的方式是藏在树叶里消化叶片的内部组织，等到它们把树叶消化殆尽，自己也会成为空壳一具。还有一些小昆虫能够浸软叶片后再进行消化，这样就能够加快物质的分解，并且将它们与土壤表层进行混合。

土壤孕育着世间万物，从细菌到哺乳类都包含其中，所以说完了微小的生物，我们还得说说那些大家伙。动物的居住能够使土壤松动透气，还能够让水更加顺利地渗透和疏排至植物生长层。无论它们是永久或暂时地生活在地下的，还是冬眠的，或者是在洞穴和地表往返的，都能够确保这一点。

如果我们在体形较大的动物里选择的话，蚯蚓可以说是最重要的土壤生物。达尔文在 1881 年就出版了著作《腐殖土的形成、蚯蚓的作用以及对蚯蚓习性的观察》来向世人介绍蚯蚓在土壤运输中是怎样一个必不可缺的重要角色。达尔文计算过，蚯蚓能够让土壤变厚，只消花费 10 年，土壤的厚度就能增加 0.5 倍。这是因为蚯蚓会将沃土运来掩埋地表岩石，如果条件充分的话，这种搬运每年可以吨计数。同时，它们的搬运会使得草叶中的有机物质与土壤混合；它们的洞穴中有空气，能够让土壤保持排水功能运作，也能促进植物生长；此外，蚯蚓的排泄物对于土壤也是一种养分，因为有机物在它们的消化系统里得到了充分的分解。

这也就是说，在土壤的国度里，各种生命相互交织，相互影响，相互联系——生命离不开土壤，土壤必须保持生命力才能源源不断地为地球创造生存环境。

而一个不被关注的问题，正是我们所担忧的：有毒的化学物质会对土壤和土壤中的生物产生何种影响？不论是杀菌剂，还是受污染的雨水，当它们进入森林、果园以及农田的时候，土壤会变成什么样？杀虫剂能够杀死破坏庄稼的昆虫幼虫，难道不能杀死在有机物的分解中充当重要角色的益虫？无针对性的杀菌剂难道不会杀死那些存在于树根之中的真菌，即便它们能够促进植物对土壤中养分的吸收？

事实上，不但防治人员对这个问题漠不关心，就连科学家也对其忽视已久，哪怕它是土壤生态学当中至关重要的课题。土壤的本质是能承受一切毒素而不会反击，这就是人们为了顺利开展昆虫防治工作而忽视土壤本质所作的假设。

现在的少量研究结果告诉我们，杀虫剂对土壤是会产生影响的。由于土壤丰富的种类，研究结果并不完全一致，这并不是多么奇怪的现象，毕竟腐殖土遭受的破坏程度会轻于轻质沙土遭受的破坏，而多种化学品的使用和单一化学品的使用也会导致危害程度不同。姑且抛开这些结果的不同，如今引起许多科学家恐惧的，是这种危害确确实实被证明了是存在的。

生物世界的核心化学变化已经在某种程度上被影响了。除草剂2,4-D 会短暂地中断硝化作用，这种化学反应能够让植物利用大气中的氮。使用两周后，林丹（六氯环己烷的一种异结构，俗称"六六六"）、七氯以及六氯化苯（BHC）会减弱土壤中的硝化作用；使用一年后，六氯化苯和滴滴涕的危害仍然存在，这是佛罗里达的几次实验得出的结果。而真菌与高等植物根系之间百利而无一害的联结，都会在毒素的影响下遭到破坏。例如，六氯化苯、艾氏剂、林丹、七氯以及滴滴滴都会阻碍固氮细菌在豆科植物上形成必要的根瘤。

一旦大自然的平衡被干扰，就无法再通过数量上的平衡来实现其目标。由于杀虫剂减少了某些土壤生物的数量，捕食关系受到了破坏，其他生物的数量就会暴涨。这种变化会对土壤原本的新陈代谢造成干扰，更严重的是会影响其生产力。同时，这些变化还有一个潜在的影响，就是会让从前受制于种种自然条件的潜在害虫真正摆脱大自然的数量控制，成为名副其实的害虫。

杀虫剂具有这样一个可怕的特性：它能长时间驻留在土壤中。当我说到长时间的时候，不是指数月，而是数年。以下几个例子可以证明：使用艾氏剂四年后依然存在残余，一部分会转化成狄氏剂，另一部分则仍维持原状；使用毒杀芬除蚁害，沙质土壤中的残余能驻留十年之久；七氯及其衍生化学物质可以留存至少九年；六氯化合物则能存留十一年；最久的要数氯丹，使用十二年后依然可以检测到残余物，且其残余量高达使用量的 15%。

要花费几年时间，才能看出原本少量的杀虫剂在土壤中累积到了何等惊人的程度。氯化烃具有持久性，因此每一次施加都在原有的基础上又增加了一些。"在一英亩（约为 4047 平方米）土地上使用一磅（约为 0.454 千克）滴滴涕是无害的"这种话在反复喷撒的情况下是没有实际意义的。土豆田中的滴滴涕含量高达每英亩 15 磅，玉米地比土豆田还高 4 磅，蔓越橘地中则达到了惊人的 34.5 磅。而受污染最严重的要数苹果园，如果每季度喷撒 4 次或更多，滴滴涕残留的累积量可以达到 30~50 磅，长此以往，多年后含量可达到每英亩 26~60 磅，那些距离树根最近的土壤，测出的最高含量有 110 多磅，也就是说滴滴涕在苹果园累积的含量几乎是与使用量持平的。

给土壤造成永久性污染的典型例子是砷。即使防治烟草虫害的含砷喷剂早已在 20 世纪 40 年代中期就退出了历史舞台，由有机合成杀虫剂取而代之；可数据表明，1932 年至 1952 年间，砷在美国烟草制造出的香烟当中的含量增加了 3 倍以上。而之后的调查数据证明情况并没有好转，砷含量至少增加了 6 倍。

根据砷毒理学界的权威专家亨利·萨特里博士的说法，烟草植物之所以在砷已被有机杀虫剂取而代之的情况下仍旧累积了旧时的毒素，是由于在烟草种植园的土壤当中，砷酸铅的毒素残留已经饱和了。砷酸铅相对而言更不易溶解，却能不断释放可溶性的砷。换句话说，烟草种植园的土壤遭受的污染，是"累加的、近似永久性的"。而与此形成鲜明对比的是，地中海东部国家的烟草中，砷的含量就没有这么高。

于是我们就迎来了第二个问题。除了土壤的情况之外，我们还必须知道植物从土壤中吸收的杀虫剂的量。这并不容易，因为土壤和作物的类型不同，使用的杀虫剂浓度和特征也有所区别。例如萝卜吸收杀虫剂的量会比其他作物更大，而如果恰巧使用了林丹这种化学物质，那么萝卜内的毒素浓度会高于种植它的土壤本身的杀虫剂浓度。因此，我们在未来必须先检测出土壤杀虫剂含量，再决定是否在上面种植作物，否则就算是没有使用过农药的作物中也会含有来自土壤的杀虫剂。

这种污染会引发无尽的麻烦，而且其影响力是惊人的。六氯化苯就是一个例子。植物的根系和块茎能够吸收它，生成发霉一般的气味。在加州，一块使用过六氯化苯的土地在两年后依然能从其产出的甘薯中化验出农药的残余物，于是这些作物都无法投入市场。这家公司曾经与南卡罗来纳地区签订合同，为其提供甘薯，可最终发现土地所受污染过大，无法履行合同，于是公司只能在市场上购买原料，这也导致了巨额损失。许多地方的蔬果在过去几年里都因为这个问题被迫销毁。最令人头疼的可能是花生了。花生与须要施用大量六氯化苯的棉花在美国南部的许多州是轮流种植的，于是花生吸收了杀虫剂后便出现了霉味，而且渗透到花生内部的六氯化苯无法根除，即使对花生进行加工也很难将霉味去掉，一个不小心还会火上浇油使霉味更重。于是如果一个工厂打定主意要摆脱六氯化苯的话，就只能做一件事——抵制一切喷过农药和在受污染土壤上种植的农产品，别无选择。

只要土壤中的杀虫剂污染还存在，危害也就存在，而且危害有的时候直接作用于农作物本身。有些较为敏感的植物的根系生长和幼苗发育会被杀虫剂影响，如麦子和豆子。啤酒花一向是在华盛顿州和爱达荷州种植的，1955 年春天，为了治理啤酒花根部的象鼻虫，人们在杀虫剂厂家的推荐和专家的建议下使用了七氯。可园子里喷过药后未满一年，藤蔓就开始枯死，没有用药的地方则不会出现这种现象。人们不得不将啤酒花的种植地点移到山上，可就算他们花费了大价钱和极大的心血完成这件事，根芽还是在一年之后统统死掉了。这片土地的七氯残留了四年之久，可科学家依旧无法预言毒素什么时候才能彻底消除。对于这片土地的情况该如何改善，他们也是无可奈何。也是在同年，农业部才发现七氯并不适用于啤酒花，可这发现来得太迟了。那些种植啤酒花的农民，也只好通过打官司索取微薄的赔偿金。

　　杀虫剂未被人类停止使用，于是农药中的残留物仍旧在土壤里增多。这无疑会对我们的生活造成危机。一群专家于 1960 年在斯尔喀斯大学达成了共识。根据他们的说法，化学品和辐射这种"强力的、未得到人们清楚认知的工具"会导致这样的后果：人类犯下的错误八成会毁灭土壤的生产力，于是昆虫接管了我们的星球。

第六章 地球的绿色斗篷

　　一块绿斗篷包裹下的世界为地球的动物们提供着养分，而这斗篷由土壤、水分和植物交织而成。许多现代人已经遗忘了自己的生存其实依赖着那些吸收了太阳能的植物做成的食物。相反，他们往往以功利的心态来看待植物。我们会因为某种植物的用途而大批量地种植它，也会因为某种植物无法满足人类的需求就毁灭它。事实上，只要人类认为这种植物的出现不合时宜，它就会成为我们毁灭的对象，这还没算上那些有毒或影响农作物生长的植物。说来可笑，不少植物是由于它们没能满足人类的需要而灭绝的。

　　植物，生命之网中重要的一员。在这个网中，植物与地球之间、各种植物之间、植物与动物之间都有着错综复杂而又息息相关的关系。有时候我们别无选择，只得进行干扰到这种关系中某个环节的人类活动，但我们更应该谨慎地进行这种行为，因为谁也不知道这种干扰会对未来或远方产生什么样的影响。可谦逊心理似乎不存在于日渐繁荣的除草剂行业，在这里你只能看见销量暴增的化学品和它们被开发出的种种新用途。

　　在我们轻率的行为影响下，许多地方的景色已不复从前的美好。例如山艾，在美国西部地区，人们为了培育草原大规模地毁灭山艾。这原本是一片生动地体现出不同的力量是如何相互作用、相互影响的风景，它如同一本摊开在世人面前的书，静待我们带着历史感去阅读它蕴含着的古老故事，去了解为什么要保持自然环境的完整性。但是，我们直接把这本书弃之不顾了。

　　西部的高原高山地区是山艾的地盘，它们就生长在落基山脉几百万年前因地壳运动形成的这块土地上，即使这里的气候如此极端——冬季漫长而寒冷，常有积雪；夏季干燥多风，土地皲裂而贫瘠，适宜植物生长的稀少水分也被大风带走了。

在这片疾风肆虐的高原上，植物必然经历了长时间的反复挣扎，才能够随着自然演进在此处扎根。有一种植物——山艾，在经历了多次失败后终于学会了生存所需的一切特性，得到了进化的契机。山艾的模样呈低矮灌木状，这有利于它们在山坡和高原上植根，而它们那种灰色的小叶子能够存留足以生存的水分，不被大风影响。进化出这些特性并非偶然，是大自然在一次次实验中得出的结果，这也使得山艾遍布了辽阔的西部高原。

动物所面临的环境也不比植物强多少，因此它们也要为了生存而进化。有两种动物脱颖而出，成了能够与山艾比肩的适应者。一种是叉角羚，这种哺乳动物以优雅敏捷著称；而另一种是艾草松鸡，这种鸟类有一个称号，叫作"路易斯和克拉克平原之鸡"。

艾草松鸡与山艾相伴相生，互相依赖。这是因为它们的生存空间是重叠的，艾草松鸡的数量随着山艾区面积缩减而减少了。对这片平原上的艾草松鸡来说，山艾意味着一切。低矮的山艾丛位于山麓地带，既能够遮蔽艾草松鸡的鸟巢和雏鸟，又能为它们提供栖息玩耍的空间。除此之外，艾草松鸡也将山艾当作主要的食物来源。不过它们之间的关系并不是单向的。艾草松鸡有一种独特的求偶方式，当它们求偶的时候会使艾草下的土壤松动，于是下面的草类就能够更加顺利地生长。

叉角羚适应山艾的方式与艾草松鸡有异曲同工之妙。它们算是平原上的常客。下雪的初冬，叉角羚就会从高山往低处迁去，以山艾作为过冬的主食。山艾在其他植物纷纷枯落的时候依旧繁荣，其叶片呈灰绿色，微苦清香，且营养丰富，包括蛋白质、脂肪以及矿物质等。尽管积雪很厚，山艾仍然露在外面，羚羊只须刨几下就能吃到。艾草松鸡则趁机跟在叉角羚后面觅食，或者去裸露的岩石架上寻找山艾过冬。

依靠山艾维生的动物其实也不少，因为它是此处食草动物过冬的保障，例如常常以此为食的黑尾鹿和羊。羊群在牧场过冬时几乎找不到除了山艾之外的植物，它们有半年的时间都必须依靠这种能够比苜蓿干草提供更多能量的草料过活。

于是紫色的山艾枝、轻灵的叉角羚、艾草松鸡就在这寒冷的高原上构成了一个完美的、小小的、属于自然界的平衡。果真如此吗？在人类试图改变山艾广阔的自然生长之地时，就不再是这样了。以改良为名目，土地管理机构满足着那些以畜牧为生的人没完没了的牧场需求。这里提到的牧场指的其实是草场，而遍布山艾的地方并不是他们所希望的。草，在自然选择之下往往与山艾混合生长或生长在山艾之下，于是人们为了得到纯粹的草场而对拔除山艾蠢蠢欲动。草场究竟合不合适这个地区，又是否能在这里稳定地生长，似乎没有谁对这些问题做过调查。而大自然已交出它的答卷。这个缺乏雨水的地方是没有足够的降水量滋养高质量草皮的，只有那些常年生长在山艾庇荫下的丛生禾草能够存活。

可无论如何，山艾清除计划已在多年前就展开了。一些政府部门、工业部门都对此充满了积极性，发展这一事业能够销售更多草种，还能扩大耕种和收割机械的市场，何乐而不为呢。化学喷剂就是他们对付山艾的最新武器。上百万公顷的山艾每年都要遭受药剂的冲击。

可结果呢？我们基本可以预料。有人深知这片土地的各种特征，表示牧草和山艾共生时的生长情况要比单独种植之后强多了，因为它们无法自行截留水分。

然而，这项计划的短期成功使得弊端对于一些人而言不那么重要，生命之网已遭到了明显的撕裂，松鸡和羚羊的生存状况已被破坏，它们会失去踪影。这片土地将会因失去山艾而更加贫瘠，鹿群等野生动物也会饱受饥饿。哪怕是那些为了它们的需求才建立牧场的牲畜也会遭殃，因为夏季郁郁葱葱的草地是无法像灌木、山艾等高山野生植物那样支持它们撑过寒冬的。

这些都是主要的、直观的后果。其次还有与"鸟枪法"这一应用于自然的法令相关的事件：农药毁灭的不仅仅是它们预定的目标植物。威廉·道格拉斯法官在他的著作《我的荒野：东至卡塔丁》中提及了美国林务局造成的令人震惊的生态破坏案例。那是在怀俄明州布里杰国家森林发生的，由于牧民要求扩大牧场面积，林务局在超过 4000 公顷的山艾地带喷撒药物。药物不仅杀光了山艾，也杀死了小溪沿岸的绿柳。这就苦了原本依靠它们生活的麋鹿和海狸。海狸以柳树为食，同时将柳树断枝当成在溪上建筑堤坝的材料。它们的行为使得这里出现了小湖泊，原本小得可怜的鳟鱼在湖中可以长到超过两公斤重。于是水鸟也受到肥美鲜鱼的吸引而来。这里能够成为渔猎胜地，柳树和海狸功不可没。

可一切都被林务局的"改进"改变了，柳树被正义的喷雾杀死了——就像山艾那样。农药是在 1959 年喷撒的，道格拉斯法官于那年来到此地，满眼都是毫无生气的柳树，这"巨大的、令人难以置信的破坏"令他震惊得久久不能言语。麋鹿何去何从？海狸和它们小小的湖泊会变成什么样子？他于 1960 年返回此地，希望能够得到答案。麋鹿和海狸都不见踪影。精致的小水坝因缺乏建筑者的照料而消失，因此湖泊和鳟鱼也不可能存在了。这片土地已经变得干燥而炎热，细细的小溪也不适合那么多肥大的鳟鱼存活。于是，这个小小的生物世界没有了。

除了被喷撒农药的160多万公顷牧场，每一年中，其他的大片土地可能也遭受了各种各样的化学处理，这些行为往往打着控制杂草的名号。例如公共事业公司管理着的一块土地，面积甚至大于新英格兰地区（约 2000 万公顷），每年此处都会进行"灌丛防治"。

西南地区的一块牧豆树地区（约 3000 万公顷）须要打理的时候，化学喷剂通常会被列为首选。一片很大的木材生产地区为了给松柏树更多的生长空间，正在使用喷剂清除阔叶硬木，虽然其具体数目不清楚，但是确实很大。除草剂施用的农田面积从 1949 年以来翻了番，到十年后的 1959 年，累积的面积超过了 2100 万公顷。如果把私人草场、高尔夫球场和公园的面积都加起来计算的话，得出的将会是一个惊人的巨大数字。

化学除草剂被当作新型工具使用。它们具有惊人的效果，使用者会体验到其力量令人眼花缭乱，甚至超越了大自然。但令人遗憾的是，它们的隐性影响是长期而进展缓慢的，很容易被人忽视，甚至被当作悲观主义者的臆想。所谓的"农业工程师"总是鼓吹"化学耕种"的奇妙之处，声称犁头将会被喷雾器取而代之。销售化学品的人和那些充满激情的承包商所说的话被输送进成百上千个社区的市政官员的耳朵里，他们声称会收费清除路边的灌木丛，而且使用化学药品的费用会比割草低廉许多。或许在官方整理出来的条理分明的数据列表当中是这样显示的，然而实际上成本并不只是金钱，还包括许多不同层面上的影响，大规模使用化学品的广告宣传花费是巨额的，对于环境和与环境变化息息相关的生物造成的长远影响，也是要付出的代价。

譬如游客对此会有什么样的评价呢？这是商会相当重视的。当下越来越多人已经不再支持使用化学喷剂对亮丽的风景造成破坏了，毫无生气的枯灰色取代了蕨类植物、浆果野花点缀的灌木丛。一位来自新英格兰的妇女发表在报纸上的投稿愤怒地表示："路边的风景在一步步被我们摧残成污糟的、灰暗的、死气沉沉的地方，我们可不希望游客在我们花了这么多钱去宣传这儿美妙的景色之后看到的却是这些。"

许多环保人士为了共同见证美国国家奥杜邦协会主席米莉森

特·宾瀚的演讲，于 1960 年夏天在缅因州聚集。那次集会的主题是保护自然景观，以及由微生物到人类组成的生命网络。可每个人的注意力都完全被路边风景所遭到的毁坏吸引，并且为之震怒。常青树林遍布的道路曾经是散步的好去处，你可以在散步途中愉快地欣赏路边的赤杨、越橘树、香蕨木和杨梅。可它们现在已经变成了一片荒芜。有一位环保人士将这次 8 月游览缅因岛的经历写了下来："我在回来之后为缅因州路旁的荒凉景色感到痛心，几年前就连高速公路旁也有许多美丽的花儿和灌木丛，现在都是些枯死的东西……从经济角度看，缅因州难道毫不在意失去旅客的损失吗？"

无意识的破坏行动正被包装成防治灌木在美国各处进行。虽然并不局限于缅因州，但这对那些喜爱缅因州景色的人来说尤为痛苦。

根据康涅狄格植物园的植物学家的说法，那些灌木丛和野花所面临的伤害已经成了"危机"。许多植物在化学攻击尚未来到就已经死去，包括杜鹃花、月桂树、蓝莓、越橘、荚蒾、山茱萸、杨梅、香蕨木、低唐棣、冬青树、野樱和野李子。雏菊、黑心金光菊、野胡萝卜花、秋麒麟草以及秋紫菀等曾装点了这里的美丽植物也枯萎了。

农药计划不仅不够周密，还在一定程度上被滥用了。一个承包商在新英格兰南部的某个小镇上结束工作后还剩了些农药，结果这些农药被他随手撒在了没有取得用药授权的道路边。于是本来在道路两旁勃勃生长的紫菀和秋麒麟草就这样消失了，这片社区秋天时金蓝交织的道路原本是值得人们千里迢迢前来欣赏的美景，却再也没有人能见到了。而另一个承包商在其他区域私自更改了喷撒高度，原本 1.2 米是规定喷撒农药的最高高度，却被他提升到了 2.4 米，于是农药造成了大片大片的灰暗痕迹。一个来自马萨诸塞州某个社区的城镇官员在一个极其热情的销售人员手里购买了除草剂，却不知道里面含砷，于是在喷撒了这种农药的道路上出现了许多砷中毒死亡的奶牛。

沃特福德镇在 1957 年施用了除草剂，虽然只在道路两旁使用，却对康涅狄格自然植物园造成了严重的后果。那些树叶并没有被农药直接喷撒到，却仍然受到了影响。春天本应是植物生长的季节，但橡树的叶子却变得卷曲枯萎。之后，新芽发出并以一种异常迅速的趋势生长，压弯了树干。树上的大枝丫在两个季度过后就已枯死，其他枝叶也掉了个精光，整个树林都被扭曲了。

我知道一个地方，大自然在那儿孕育了许多赤杨、荚蒾、香蕨木和刺柏，许多娇艳多姿的花朵在那里随着季节更替开放，散发着醉人的香气，到了秋天，成串沉甸甸的果实挂在树上，如珠如玉。这条路的拐弯角和岔道口视线开阔，并无碍事的灌木丛，因此交通压力并不算大。可当这个地方被喷药的工作人员纳入管理范围之后，人们宁肯踩下油门加速通过，也不再对这几公里道路流连忘返了。他们只能在心里默默懊悔：为什么会让这样一个贫瘠而苍白的世界被那些搞技术的制造出来，并默默忍受。可是政府并不对此做出什么举措，事实上，许多地方政府的态度是迟疑的、试探的。一片片绿洲在他们的监管失误下从严格而全面的防治工作中幸存。但这些绿洲正好与周边广阔区域所遭受的破坏形成了鲜明的对比，而让这些破坏更难以被人们接受。

那些白色的三叶草、紫色的豌豆花和灿烂盛放如火焰的百合，我一看到就觉得精神一振。但在那些销售人员和施用化学品的人眼里这根本就是杂草。我们可以从杂草防治会议（现已成常规机制）记录当中找到很多东西，比方我看到的一篇，就对除草哲学展开了奇怪的论述。这篇文章中说，那些反对杀死野生花木的人使那位作者联想到反对活体解剖的人，"按他们的思路，流浪狗的性命都比孩子们来得神圣"。

显然，这篇文章的作者觉得我们才是性格扭曲的一方。路边的灌木丛统统变成了毫无生机的灰色，高扬花朵的蕨木垂头丧气地耷拉着，这样的景象和豌豆花、三叶草与野百合相比，我们却更喜欢后者。我们竟然没有为正义的人类再一次战胜了邪恶的大自然欣喜，也没有为清除"杂草"而快乐，反而更宁愿忍受它们的荼毒，真是懦弱的生命。

道格拉斯法官曾经提及他参加的一个联邦专家会议，他们讨论到了居民抗议向山艾喷洒农药，这一会议正是我在本章提及的。这些专家觉得他们的抗议很滑稽，一位老妇人有什么立场去反对清除野花呢。这位具有洞察力的法官却说："难道她没有找寻一朵虎百合或者莩草的权利？这不是像牧场工人找寻牧草或伐木工找寻树一样，是不可剥夺的吗？山脉中的金矿和铜矿以及森林资源，就像原野对于人类的美学价值，都是无可比拟的珍贵宝藏。"

当然了，保护植被的意义并不只在于审美上。自然资本在大自然的构造当中处于一个极其关键的位置。例如，公路和绿化带旁的树篱是鸟类进食、躲藏和栖息的好地方，更不用提小动物们了。美国东部地区的 70 多种灌木和藤蔓植物中就有 65 种在野生动物的食谱之内。

野蜂和某些传粉昆虫视这些植被为栖息地。人类从来不会主动想到这些无拘束的传粉者究竟对自己的生活有怎样的影响。就连农夫也对野蜂的宝贵价值不甚了然，往往还会花时间加入那些行动去清除它们。有些农作物和野生植物是很仰赖传粉昆虫传播花粉的，能够为农作物传粉的野蜂有数百种，单单苜蓿就有一百种野蜂能为其传粉。如果没有昆虫传粉，在未经开拓的土地上保持土壤和滋养土壤的植物会灭绝，这样的情况会深刻地影响到整个地区的生态环境。大多数野草、灌木，不论是生长在森林中还是牧场上，都须要依靠昆虫才能繁衍生息；如果植物不存在，野生动物和牧场家畜都会饿肚子。当下的清耕法和化学药品破坏了传粉昆虫最后的庇护所，对树篱和野草的毁坏会切断大自然生命的链条。

就像我们知道的那样，昆虫不论是在农业方面还是在景观方面，都需要我们保护而不是赶尽杀绝，因为它们是极为关键的。蜂类为了让幼虫能够食用花粉，会非常依赖某些"野草"，例如芥菜、蒲公英和秋麒麟草。野豌豆花是苜蓿盛开之前蜜蜂主要的食物来源，它们必须先度过春荒，才能在春荒过去后为苜蓿传粉。秋天时，它们依靠秋麒麟草积攒一冬的能量，因为这个时候已经没有其他东西能够果腹。大自然的时间表是精准而巧妙的，于是在柳树绽开花苞的那一天，就会有一种野蜂适时造访。其实很多人是懂得这些道理的，只是施用化学品的计划由另外的一些人制订实施。

可那些懂得这些道理的人又在忙什么呢？在他们当中，许多人正在替除草剂辩护，在他们看来，除草剂的毒性并不比杀虫剂强，于是除草剂无害的结论就这么被总结出来了。可随着雨水进入森林、农田、沼泽和牧地的除草剂是会影响到环境的，甚至会永久性地破坏野生动物栖息的家园。如果以长远的眼光来审视的话，这一切或许比直接杀害野生动物来得更加可怕。

滴水不漏的化学攻击行为，导致计划中本应被解决的问题又保留了下来，真是莫大的讽刺。根据现有的经验，我们早已知道，广泛使用除草剂并不能永久消除灌木丛，必须年复一年地喷撒农药。更讽刺的是，我们对于这件事似乎乐此不疲，宁可重复在植物上大量喷撒除草剂，也不愿意选择更温和精确的方案喷撒化学药物，达成控制植被的长期目标。

对灌木进行防治并不是为了拔除绝大多数植物，主要是为了清除路边阻碍驾驶员视线的高大植株以及影响到公路线缆的植物。一般而言，就只能是树了。低矮灌木并不会给人类造成不便，就像蕨类和野生花木一样。

弗兰克·埃格勒担任美国自然历史博物馆公路灌丛防治委员会

主席的时候，提出了选择性喷药的方式。这种方式考虑到了灌丛植物对树木入侵的抵挡效果，是基于大自然的内在稳定性提出的。相比之下，更容易被树木入侵的其实是草地。选择性喷药并非在公路用地周边培植草坪，而是为了保护其他植物直接消除高大树木。如果采用这样的处理方式，基本可以一次性解决问题，之后再对那些负隅抵抗者追加处理。这样，灌木防治的目的就能在不引起高大植物卷土重来的情况下达成。这也向我们证明，性价比最高的植物防治是通过植物治理植物，而非用化学药品杀死它们。

在美国东部，这种方法已经经过了大量的实验，根据实验结果可知，一个地区的植被在经过这种方法恰当处理之后，会在接下来很长的一段时间内保持稳定状态，二十年内都不会再有大变动。如果进行喷药，也不会是地毯式的全方位喷药，而是人工带着喷雾器步行或使用卡车，对过高的、必须清除的灌木和树木进行小范围喷撒，整个生态环境的完整性就会得以保留，也不会破坏动物的栖息地和食物，更加无损于美丽的景色。

许多地方已经接纳了使用这种选择性喷药的方式去管理植物。但根深蒂固的习惯仍然难以消除，仍然有地方使用地毯式喷撒农药的方式，每年都会大量消耗纳税人的资金，并对生态系统造成破坏。可是如果他们能够了解，这些花费其实是不必要的，一年一次出钱购买药剂在道路上喷撒，可以缩减到一代人一次，一定会令他们迫切地希望做出改变。

能够把施用化学品的分量降到最低也是选择性喷药的优点之一，有针对性地去处理树木，就不须要大范围施用药剂，于是对动物的潜在危险也降低了。

除草剂当中使用范围最广的莫过于 2,4-D、2,4,5-T（2,4,5-三氯苯氧乙酸）及其相关化合物。那些在自家草坪上施用过2,4-D的人有时候会得急性神经炎或进入更严重的麻痹状态，但对于其是否存在毒性，社会上仍无定论。医学权威虽然没有取得大量的案例作为样本，仍然提出了谨慎使用此类化合物的建议。2,4-D 的危害不止这一项，根据实验结果，它能够扰乱细胞内的基本呼吸作用，还能够破坏染色体，其破坏性与 X 光相似。也有研究表明，就算使用的 2,4-D 和其他的某些除草剂并未达到致死剂量，也会损害到鸟类的繁殖。

即便不谈直接的毒性，除草剂也对生物有奇异的间接影响。有些食草动物会对喷撒过药剂的植物产生特别的兴趣，哪怕它们平时并不以此为食。如果是在施用含砷除草剂或其他强毒性除草剂的情况下，动物对此的兴趣会招致巨大的灾难。就算是施用弱毒性除草剂，如果植物凑巧具有毒性或长有尖刺，也会导致动物死亡。例如在兽医的药物文献中就记载了许多实例：牧场中饲养的牲畜突然对喷撒了药剂的毒草产生了兴趣，它们大量食用这种滋味不同寻常的食物后死去；食用了喷撒过药剂的苍耳子后，猪生了重病；羊羔会被那些喷了药的蓟草吸引；蜜蜂接触了芥菜花，却因此中毒。野生樱桃叶具有很强的毒性，但在喷撒过 2,4-D 后，不知怎的引起了牛旺盛的食欲。显然，因喷药或砍伐而枯萎的植物对牲畜而言吸引力更大。狗舌草则提供了另一个例子。平时，除非是冬末春初断了粮草的时候，牲畜都不会想吃狗舌草。然而，喷撒了 2,4-D 之后，它突然成了动物们眼里的佳肴。

会出现这种怪异的情况，可能是由于植物本身的新陈代谢被化学药品改变后内部糖分增加，于是引发了动物的食欲。

2,4-D 还有一种奇怪的效果，不只影响着牲畜，也会影响到人和野生动物。根据十年前的实验结果，我们发现这种化学品处理后的玉米和甜菜会发生变化，其硝酸盐成分会增多。而高粱、向日葵、羊腿草、荨麻和紫露草等植物都出现了类似的情况。根据一些农业专家的说法，家畜死亡常常与喷过农药的植物有关。反刍动物具有复杂而庞大的消化系统，其胃部的四个腔室当中有一个瘤胃，负责消化纤维素。硝酸盐的增多对它们这种奇特的生理结构来说，是具有危险性的。当硝酸盐含量过高的植物进入瘤胃时，里面的微生物会将其转化成具有强毒性的亚硝酸盐。于是，死亡的多米诺骨牌效应开始了：亚硝酸盐与血液色素反应，产生一种巧克力色的物质，这种物质会阻隔氧气参与呼吸，于是氧气就无法通过肺部传送到动物体内各处，导致动物在几小时内缺氧死亡。包括羚羊、绵羊、山羊和鹿在内的各类反刍动物都难以避免这种危险，那些关于牲畜吃下接触到 2,4-D 的野草后就发生了死亡的报告也有了合理的解释。

虽然包括气候干燥在内的各种因素都有可能造成硝酸盐含量上升，但 2,4-D 的畅销绝对是不容忽视的。威斯康星大学农业实验室对此很是重视，于 1957 年发出过这样的警告：被 2,4-D 杀死的植物可能含有大量的硝酸盐。这也就解释了近来为何不断发生神秘的粮仓死亡事件。玉米、燕麦或高粱含有大量的硝酸盐，于是它们在储藏期间会释放出有毒的一氧化氮气体，人类只须吸几口一氧化氮就会引发化学性肺炎，于是进入粮仓的任何人都有可能丧命。在明尼苏达大学医学院研究的多个类似案例中，仅有一人活了下来，其余全部死亡。

"在大自然中，我们就像置身于一间陈列着满满当当的瓷器的屋子里的大象。"这是荷兰科学家 C·J·布雷约对使用杀虫剂的评价，"对于很多事物我们都秉持着想当然的态度，可我们并不了解田野中的每一种野草，也不能分辨出其中所有有益的种类。"

很少有人会去思考野草和土地之间是否存在某种联系。即使从人类自身的直接利益为出发点看，它们的关系也是珍贵的。就像我们知道的那样，在土地的黑暗国度里，生物与土壤之间互相依赖，互相扶持，那么野草与土壤或许也是如此。根据荷兰一所公园的情况，我们可以知道，这很有可能是事实。那儿的花坛里虽然种植着大量玫瑰，土壤中却有严重的线虫感染，生长情况不容乐观。但是来自荷兰植物保护局的科学家建议在玫瑰花的空隙中种植金盏花，并没有采用任何杀虫剂，也没有对土壤做出其他处理。对于那些道德小卫士而言，这些金盏花就只是破坏了玫瑰花整体感的杂草，而实质上其根部分泌出的物质能够杀死线虫。人们采纳了这个建议，在其中一些花坛里种上了金盏花，而另一些则作为对照没有种植。结果，有了金盏花装点的玫瑰花茁壮生长，没有金盏花帮助的玫瑰花死气沉沉。现在，使用金盏花可以说是成了对付线虫的良方，许多地方都在使用。

其他植物在被我们冷酷地清除掉之前，或许也正在以某种我们不曾了解过的方式影响着土壤的质量，甚至是在保证着土壤的健康。如今普遍被当成"杂草"的自然植物群有一个重要功能，就是充当反映土壤情况的指标。可这种功能在那些使用化学药品除草的地方，早已不复存在。

保护自然植物群落具有重要的科学意义，但那些使用化学药品解决植物问题的人是不会考虑到这一点的。这些植物能够作为衡量人类活动所产生的变化和影响的标准。这些植物群落能够为各种有机物和昆虫的原生群提供生存空间，因为昆虫和其他有机物的DNA正因杀虫剂而发生改变（这一点会在之后的第十六章中详细说明）。甚至有科学家建议，要赶在昆虫基因组合发生剧变前建立起生物数据库，保护昆虫、螨类和其余类似的种群。

有一些专家已经意识到了除草剂对自然植被有可能产生怎样细微但深远的影响，并且面向社会提出了警告。例如可以杀死阔叶植物的2,4-D会使得草类植物疯狂生长，因为它们失去了竞争空间的对象，而这些草类又因为其疯长成了人们的新防治目标，于是恶性循环就这么产生了。这种怪现象并不是笔者的幻想，最近一期农作物相关杂志上已刊登了如下内容："广泛使用 2,4-D 对阔叶植物的生长造成限制，草类迅猛增长，成了玉米和大豆生存空间的新威胁。"

豚草就是一个企图控制自然却自食其果的最佳范例，它同时也是花粉病的病源。人们打着防治豚草的名义将数十万升化学品施用在道路两旁，然而豚草是一年生植物，需要开阔空间才能大量生长，喷撒药剂破坏了路边那些灌丛、蕨类植物等其他多年生植物后，正好为豚草的生长提供了更大的空间——不然这些被破坏的植物原本正好可以帮助人类治理豚草。除此之外，路边的豚草也有可能并不是空气中花粉含量增加的元凶，反倒是休耕土地和城市空地的豚草更有嫌疑。

另一个例子是出产量越来越高的用于清除马唐草的化学药剂。与其年复一年地施用除草剂，还不如让马唐草与其他草类进行生存空间竞争，这本来也比购买化学药物的性价比更高。马唐草具有这样的一种特性，只会在状态不佳的草坪上生长，而且其种子和豚草相似，需要开阔的空间才能发芽。因此只要保持土壤的肥力，让草坪变得茂密苗壮，就能够创造出不利于马唐草生长的环境，轻轻松松地清除它们。

化学品生产商给花场工传达了具有误导性的信息，这些信息又被花场工当成适宜的方法传达给了郊区居民，于是没有人想到要去改善土壤的肥力，而是继续把大量的除草剂喷撒在自家院子里。化学药品的危害是无法从名字上分辨出的，你甚至都意识不到里面含有汞、砷或者氯丹。大量毒素在错误的建议下进入了草地，使用者如果按照指南上的说明施用，会在不到一公顷的土地中撒下近 30 公斤氯丹，或者是近 80 公斤砷。在第八章中我们将会看到，这些化学药品的施放导致了多么令人震惊的鸟类死亡事件，那么它们会让草坪变成怎样，又对人类造成什么样的危险，我们不得而知。

　　根据实验，选择性喷药能够应用于包括牧场、森林和农村在内的各类植被计划，因为这种方法并不针对某一种植物进行毁灭性打击，而是将整个生态环境中的植被作为一个社区来管理，这种模式给健全的生态防治提供了一个很好的样本。

　　在植物管控方面，我们也做到了许多事情，例如生物控制就取得了不错的成果。大自然本身是会为自己解决问题的，因此当它产生某种让人困扰的问题的时候，聪明人就会去观察大自然的做法，如果能够正确地模拟出其做法来处理自然问题的话，一般而言也会使问题成功解决。

　　在加利福尼亚州有一个出色的植物管控案例，那就是对克拉马斯草的处理。克拉马斯草，别名山羊草，原本在欧洲被称为圣约翰斯渥特草，是随着移民西移来到美国宾夕法尼亚州的，于1873年率先在兰开斯特市出现。到了1900年的时候，这种草的生长范围蔓延到了克拉马斯河周边，于是得名克拉马斯草。20年后，克拉马斯草占据的土地面积已经超过了4万公顷，再过了32年，这个数字更是增长到了惊人的101万公顷。

　　克拉马斯草在当地的生态系统里不同于山艾这类本土植株，没有属于自己的空间，也不被什么动物所需要。情况反而是这样的，哪里出现了克拉马斯草，哪里的牲畜就会"长满疥疮和溃疡，没精打采"，那个地方的地价也会随之下降，因为克拉马斯草一向是被当成累赘的。

　　可这种草被叫作圣约翰斯渥特草的时候，从未给欧洲人造成过困扰，因为它们的出现还促进了一些昆虫的进化，这些以这种草为食的昆虫能够很好地将草的数量控制在一个合理的范围内，不至于疯长。尤其是法国南部有两种豌豆大小的甲壳虫，可以说是完全适应了克拉马斯草，甚至只以这种草作为食物。

　　这两种甲虫的第一次引进发生在1944年，这是北美首次尝试用食草昆虫管控某种植物的数量，是具有独特历史意义的。四年之后，这两种甲虫已经很好地在此繁衍生息，无须再次引进了。人们通过对甲壳虫的收集和大量投放，达到了扩散它们生存空间的目的。而甲壳虫在较小区域会自行扩散开去，当那一带的克拉马斯草被它们吃光后，它们就会自行转移阵地，往其余饱受克拉马斯草困扰的地区精准地出发。人们所需要的牧场植物，随着克拉马斯草被甲壳虫吞吃殆尽，又回到了土地上。

根据一项十年调查的结果，克拉马斯草数量已减少了99%，防治效果"比推动者预期更甚"，而剩余克拉马斯草也不再是危害植物，而是为了防止情况反复，保持甲壳虫存活的必需条件。

另一个高效防治杂草的案例是在澳大利亚发生的。殖民者以前会将本地动植物带到新的国家去，亚瑟·菲力普船长在1787年也这么做了，他将仙人掌作为胭脂虫的培养皿带到澳大利亚，其中一些仙人掌冒出了他的花园，向外发展延伸。于是，1925年的时候已经出现了二十多种野生仙人掌。由于失去了天敌，仙人掌在脱离自然控制的情况下肆意生长，占据的土地面积达到了近乎六千万英亩。其中，有三千万英亩左右的土地因为仙人掌生长过于密集而被荒废。

为了找到仙人掌的天敌，一批澳大利亚昆虫学家于1920年前往美洲开展研究。他们反复试验了几种昆虫后，选中了阿根廷飞蛾，在10年后带着30亿虫卵返回了祖国。

到了1937年，所有被仙人掌覆盖的区域都已清理干净，那些荒芜的地带又重新成为居住地和牧场了。这个计划，只花费了每英亩不到1便士的价格，而最初的化学控制方案则要花费每英亩10英镑。

这些案例告诉我们，在进行植物控制时，其实食草昆虫能够对其进行更高效的影响。昆虫在食草动物当中可谓挑食王，它们对人类环境做出的贡献也正来源于它们严格精准的饮食计划，虽然牧场管理科学忽视了这一点，却不代表它不存在。

第七章 不必要的浩劫

人类为征服自然所做的事情简直是一部令人为之心碎的毁灭史。他们不但会去谋杀与自己分享整个家园的生物，还会去破坏自己赖以生存的星球。最黑暗的篇章是在近几个世纪内被谱写的：猎杀海鸟、水牛大屠杀、死伤惨重近乎灭绝的白鹭。而这些黑暗的悲剧在当下正在被我们扩写成一场浩劫：鸟类、鱼类和哺乳类以及绝大多数野生动物在杀虫剂的滥用下死去。

什么都无法阻止那些人和他们手中的喷枪。知更鸟、雉鸡、浣熊、猫或牲口都难逃一死，只要它们恰巧与被盯上的昆虫生活在同一片区域，成为附带的受害者并不是什么稀罕事，也就是说，没有谁能对此进行抗议。

对野生动物的伤害该如何公正评判？这是一个死局。一方面，野生动物专家和环保人士都断定这种灾难性的伤害可以造成非常恶劣的影响；另一方面，控制部门却矢口否认其影响的恶劣性，甚至假设这种伤害并不存在。哪一种说法是我们应该相信的？

证人的可信度是最重要的。最有话语权去发现和解释野生动物所受的伤害的，当然是在野外进行研究的野生动物学家，他们是专业的。而昆虫学家在这个领域掌握的知识并不全面，可能潜意识中也不肯承认自己的计划竟然不是完美的。而联邦政府及州政府防治人员则声称并未得到可靠证据，也不承认生物学家所上报的损害，他们宁肯无视这些。我们可以宽容地视他们的否认为某种利益考量或短视，但这并不表示他们就是对的。

要形成我们自己的判断，最好的方法是研究一些大型防治项目，并向那些能公正看待化学品且了解野生动物的观察家学习，看看当毒素随着雨水进入野生动物的生存环境会有什么结果。

破坏野生动物族群会对那些探险家、渔民、猎人乃至热爱赏鸟的普通民众造成极大的打击，因为它们受到伤害会使他们失去合法享受快乐的途径，即使只有一年，这打击也是存在的。有的时候，喷药不会导致动物灭绝，一些鱼类、鸟类和哺乳动物在单次喷药后仍旧会恢复，但其实往往已造成了很严重的伤害。

再者说，这也只是我们一厢情愿的理想状况。单次喷药通常是不存在的，野生动物一旦接触到化学药物，能够恢复的概率也不大。一般情况下，喷药后产生的是有毒的环境，这陷阱对动物而言是致命的，不论是原住民还是新迁者，都不能幸免于难。伤害和喷药面积是呈正相关的。过去十年间，美国野生动物的死亡和灭绝数量都在不停地增加，而这十年正是昆虫防治计划开展的时期，也是药物在私人领地和社区使用量不断增加的时期。为了看看药物造成了什么影响，我们得走近观察这些计划。

1959年秋季，密歇根南部以及底特律市的许多郊区，有大约1.2万公顷的地区都笼罩在艾氏剂的颗粒下——这是最具危险性的氯化烃之一。这项计划由美国农业部和密歇根农业部联合进行，目的是控制日本金龟子的数量。

如此强力又充满危险的行动是在没有证据表明其必要性的情况下开展的。与此形成对比的是，美国著名的博物学家、知识渊博的沃特·尼科尔对此提出了反对意见。他说："以我的经验来看，三十年来底特律日本金龟子的数量并不多。过去几年间它们的数量也并未出现明显的增加。1959年，我甚至没在底特律发现过一只日本金龟子，除了在政府安置的粘虫板上……这些事情都不是公开进行的，我也没有得到信息表明金龟子数量增多。"说出这些话的底气在于，他每年夏天都会在密歇根南部逗留很久，且大多数时候都会待在田野里。

尽管缺乏正当原因，这项计划也并没有被阻止。根据州政府的官方消息，指定的空中打击区域已有金龟子出没，因此联邦政府会在密歇根州提供人力和监管的情况下提供设备和补充人手，而费用则从各个社区那里收取。

日本金龟子进入美国，完全是一个意外。1916年在利夫顿市周边的一个苗圃里，人们发现了一种不认识的、颜色呈金属绿的奇怪金龟子，后来人们才确定了这种金龟子来自日本岛，这就是日本金龟子首次出现在新泽西的情况。据估计，它们是随着进口花木入境的，且应该早在1912年实行限制令之前就已进入美国。

密西西比河以东区域气温适宜，降水充足，这为日本金龟子的存活提供了条件，于是它们在这个区域扩散开来。日本金龟子的分布范围每年都在扩大。在东部地区，人们已经对这种生活了许久的生物采取了自然控制。采取防治措施的地区，在记录中显示出日本金龟子数量已被控制在相对较低的水平。

中西部各州对日本金龟子的控制并未采取东部地区的合理经验，他们采用的攻势来势汹汹，足以致命，用来打击害虫颇有些大材小用的意思。最危险的生化武器能对家畜、野兽乃至人类都产生威胁，却被他们投入使用来针对日本金龟子。在密歇根、肯塔基、艾奥瓦、印第安纳、伊利诺伊以及密苏里等诸多地区，都以金龟子防治的名义施用了大量化学喷雾。于是这项本应针对日本金龟子的防治计划不仅将人类置于险地，还导致了动物大批地死去。

喷雾行动是密歇根州针对日本金龟子进行的第一次规模宏大的空中扑杀。之所以选择艾氏剂，并非它对日本金龟子多么地适用，而是由于这种最致命的化学品同时也是最便宜的化合物。州政府给媒体的官方消息宣称，艾氏剂的施用并不会导致人口稠密的地区出现任何药物危害，尽管他们承认艾氏剂是具有"毒性"的（对"应该采取什么预防措施？"这样的问题，官方给出的答案是"无"）。一位官员是来自联邦航空局的，他也对当地媒体信誓旦旦地打包票："这场行动绝对安全。"就连底特律公园和娱乐部的代表也给出了自己的保证："喷雾不会伤害植物、宠物或者人体。"

根据密歇根州的害虫防治法，该州如须进行喷药行动是不用通知个人或取得许可的。于是，飞机就这么开始在底特律作业了。紧接着，市民们来自四面八方的电话就将市政府和联邦航空局的热线打爆了。根据《底特律新闻》报道，一小时内接了约八百个电话之后，警方求助于媒体和报纸，希望能够让市民们明白"他们看到的究竟是怎么一回事，并声称行动绝对安全"。来自联邦航空局的安全官员也公开给出保证："飞机已得到低飞授权，且是在严密监控的情况下作业的。"他还尝试着安抚公众情绪，告诉他们飞机是装有能够立刻卸掉所有药物的紧急阀门的。但是这种事情并没有发生。杀虫剂的颗粒在飞机作业时不只掉在金龟子身上，也掉在了市民们的身上。这些"对人体无害"的粉末落在了那些上班族和采购的主妇身上，也落在了放学时离开校园的孩子身上。密歇根的奥杜邦协会之后指出："这些白色艾氏剂黏土混合颗粒就在屋顶瓦片的缝隙中，在树皮的褶皱和树枝的裂痕里，在屋檐的排水沟里……一旦降雨或降雪，每一个水坑都能要命。"

在喷雾行动开展的几天之后，关于鸟儿的电话打到了底特律奥杜邦协会。安妮·波依丝女士，也就是协会秘书长告诉大家："我在周日上午接到电话，这位打来电话的女士告诉我，在她从教堂返回家中的时候，看到路上遍布死去的鸟儿，未死的也只剩下一口气了，人们对喷雾行动已经产生了忧虑。周三喷雾行动完成后，她告诉我，到处都没有鸟儿了，而她自己的院子里有最少十二只死鸟，邻居那里还出现了死掉的松鼠。"波依丝女士在那一天里接到的所有电话都在不断地告诉她："鸟儿大量死亡，一只也没有活下来……"那些有鸟类喂食器的家庭报告说，没有一只鸟儿来吃食。而处于濒死状态的那些鸟儿表现出的症状——颤抖、无力飞行、麻痹和抽搐的状态，正是杀虫剂中毒的典型表现。

除了鸟类，其他动物显然也受到了直接影响。据一位兽医反映，带着宠物猫狗看病的人已经挤满了他的办公室。由于天性爱梳理毛发和舔舐爪子，猫的病情显现得最严重。它们会呕吐、抽搐以及严重腹泻。兽医也爱莫能助，仅能建议大家没有必要不要让猫外出，如果猫出去了，要及早清洗它们的爪子。但是这种建议并不能起到保护作用，因为一旦氯化烃沾上蔬菜或是水果，是没办法洗掉的。

市县卫生专员并不承认艾氏剂具有危险性，他们宣称鸟类死于"某种喷雾"，并且表示，人们的喉咙和胸腔过敏与他们接触了艾氏剂无关，是"其他因素"造成的。尽管如此，还是有许多人不停地投诉卫生部门。某位著名的内科医生在一小时内诊断了四名病人，他们都表现出恶心呕吐、发冷发烧、疲乏咳嗽的症状，而且都在观看飞机作业时接触到了毒素。

但是在底特律发生的事情，仍旧因为用药治理日本金龟子的呼声影响，在其他地方不断上演。人们在伊利诺伊州蓝岛市发现了数千只濒死和已死的鸟儿。有数据显示，已有80%鸣禽死亡了。伊利诺伊州的朱丽叶市，在1959年使用了七氯处理约1200公顷土地，当地一个打猎俱乐部的报告显示，在这个区域内的鸟类"几乎被尽数消灭"。而其他动物，例如负鼠、兔子和鱼类也大量地死去。当地有一个学校开展了科研项目，收集杀虫剂中毒的鸟类。

最悲惨的事情或许发生在伊洛魁县地区，这里与伊利诺伊东部的谢尔顿市临近，而且根本没有金龟子的存在。美国农业部和伊利诺伊州的农业部于1954年进行合作，决定清除那些即将入侵的金龟子，并且寄希望于高密度地施用农药。那年发生的第一次清除活动用狄氏剂处理了近 700 公顷土地，又于第二年以同样的方式处理了 1000 多公顷。之后，要求进行化学处理的地区增多，即使开始喷药的第一年就有大量野生动植物死亡，也没有打消他们的想法，于是超过 5 万公顷的土地在 1962 年之前被狄氏剂覆盖了。化学处理计划在没有与美国鱼类及野生动物管理局或伊利诺伊狩猎管理部门协商的情况下进行着。（然而，1960 年春，联邦农业部的官员们出席了国会的一次会议，反对喷洒药物须事前商议的议案的通过。他们委婉地宣称，这个议案毫无必要，因为合作和协商经常发生。这些官员对那些并未达到成熟水平的合作避而不谈。他们还明确表示不愿与州渔猎管理部门进行协商。）

伊利诺伊州自然历史研究所的生物学家在对野生动植物所受伤害进行调查时能调动的资金少得可怜，与化学治理项目源源不断的资金形成鲜明对比。在 1954 年时，他们只有一千多美元的经费用来雇佣一名助手在现场协助，到了 1955 年则完全失去了这种特别资金。他们克服了各种各样的困难收集到了许多资料，呈现出了野生动物遭到毁灭的整个画面，而这是前所未见的。

鸟类中毒不仅仅是由于中毒，也有应用药剂后引发连锁反应的。在谢尔顿市的计划中，每英亩土地会使用三磅毒性是滴滴涕的 50 倍的狄氏剂，可想而知这种药剂会对鸟类产生什么样的影响。据估算，谢尔顿市每英亩土地至少承受了约 150 磅的滴滴涕，还不算那些经过反复处理的农田边缘和角落。

中毒的金龟子幼虫会在化学品渗入土壤后爬出地面，苟活一段时间，但它们往往会引来觅食的鸟儿。于是，对鸟类的影响就很明显了。那些野生云雀、白头翁、野鸡和长尾莺几乎消失殆尽。而知更鸟的状况在生物学家们的报告中更是惨不忍睹，称得上是"全军覆没"。死去的蚯蚓在雨后遍布地面，或许就是它们导致了知更鸟的死亡。而其他鸟儿也没有逃过这种命运。在喷药后，掺杂了毒素的雨水就从生命之泉变成了毒药，那些在水坑中饮水或沐浴的鸟儿全数死亡，无一幸免。而其他幸存下来的鸟类也没有逃过伤害，它们失去了生育能力，尽管仍有鸟巢，但不再有幼鸟出生了。

哺乳动物中，地松鼠在此地几近灭绝，根据尸体可以很明显地发现它们是中毒暴毙的。麝鼠和野兔的尸体在喷了药的地区不断出现，而曾经在这片地区常常被人们观察到的狐松鼠则彻底消失了。

这场针对金龟子的战争甚至殃及到了谢尔顿地区内的猫。猫在喷药计划开展的第一个季度就成了狄氏剂的受害者，实际受害的数量可能达到它们总数的90%。这其实是一场可以预见的悲剧，因为其他地方发生的相似的黑暗事件并不在少数。猫对任何事物都非常敏感，包括杀虫剂，狄氏剂当然也在此列。在世界卫生组织在爪哇开展的抗疟活动中，有许多猫被波及死去。而在那里猫的数量减少是如此之快，甚至连售卖的价格都翻了一番。而世界卫生组织的喷药计划也使得猫在委内瑞拉成了珍稀动物。

野生动物和宠物并不是杀虫计划仅有的受害者，在谢尔顿地区也是如此。根据观察到的现象，羊群和牛群中都出现了死亡现象。从自然历史研究所的报告我们可以很清楚地看到这一点：

"5月6日，这片土地上喷撒了狄氏剂，于是羊群被驱赶，它们来到了一条石子路之外一块未经处理的小草场。显然药剂已比它们早一步在此扎了根，因为羊群中立刻出现了中毒症状……它们非常烦躁，食欲减退，围着篱笆不停地转悠寻找出口……它们奋拉着脑袋咩咩地哀叫，表现出不情愿被驱离的模样；最后还是离开了草场……羊群还表现出了对水的需求增大的情况。在一条横穿牧场的溪流旁有两只羊的尸体，而其他的羊反复回到溪边又被赶走，甚至拽离。最终，羊死亡的数量达到了三只，剩下的大难不死，花费了很长时间才恢复了过来。"

1955 年末就是如此了。化学战在随后的几年里并没有停止，但研究经费却没有继续供应。自然历史研究所申请研究经费去调查研究野生动物和杀虫剂，但他们的申请在年度预算中总是会被最先剔除。有一位野外助手的工资直到 1960 年才被送到他的手里，而他平时的工作量相当于四个人的工作量总和。

1955 年被中断的研究被重启时，不变的是野生动植物遭受的灭顶之灾。与此同时，艾氏剂成为了新杀手，其毒性为滴滴涕的一百到三百倍。到 1960 年时，生活在这一区域的所有野生哺乳动物都受到了巨大的伤害，鸟类和它们相比有过之而无不及。知更鸟、白头翁和长尾莺等鸟类在一个名叫唐纳温的镇子上已经灭绝了，而其他地方的鸟类数量也在锐减。对于金龟子的扑杀活动感触最深的大概就是那些猎人了。野鸡一向是猎人喜爱的猎物，但鸟窝数量在受到药剂影响的地方减少了 50%，而幼鸟的数量也比往年更少。由于野鸡数量的锐减，这里从打猎的好去处变成了无人问津的旧猎场。

消灭日本金龟子是施用化学品的目的，但伊洛魁县在施用药物的这八年间，在超过四万公顷的土地上对昆虫的遏制竟然不是永久性的，也就是说，它们仍然在扩大领地。伊利诺伊州的生物学家能够估算出的损失结果只是最小值，因为没有人知道这次计划造成的损失究竟有多大。如果能够在理想条件下行事，我们使用足够的经费去全面进行一番调查，估计会查出更加震撼的结果。但遗憾的是，尽管联邦政府投入了 37.5 万美元到控制计划中去，可 6000 美元就是生物学家在这八年间用作实地调研的全部资金了。

对于金龟子扩张会造成危害的恐慌情绪可以说引导了中西部这些控制计划的开展。显然，这种想法曲解了事实，如果这些人能够对日本金龟子进入美国早期的情况有一定了解的话，必定不会默许化学品对他们进行侵害。

东部地区是在合成杀虫剂发明前遭遇金龟子的生物入侵的，真是十分幸运。他们不仅避免了金龟子成灾，还采取不会对其余生物造成危险的方式对金龟子的数量进行了有效的管控。他们有效地利用了大自然潜在的控制力，因此在不破坏环境的前提下取得了显著的效果，喷药防治金龟子的底特律或谢尔顿几乎是无法与其相提并论的。

日本金龟子的数量在刚刚进入美国的那十年里急剧增多，因为它们失去了原本的天敌。但到了1945年，即使是在甲虫泛滥的地区，它们已不是某种特别受重视的害虫。这是由于某种来自远东地区的寄生虫体内含有的病原体对日本金龟子而言是致命的，因此它们的数量逐渐减少了。

1920年到1933年间，人们在日本金龟子的原产地进行搜寻，为了实现自然控制找出了34种天敌，这些昆虫当中的5种在美国东部生存了下来。在它们当中，对于控制金龟子最有效、也是分布区域最大的昆虫是来自中国的某种黄蜂，具有寄生金龟子的特性。雌蜂会在土壤中寻找金龟子幼虫，往其体内注入毒素，等幼虫身体被麻痹后就将自己的卵植入幼虫表皮内。蜂卵孵化后，出生的幼虫就会吃掉金龟子幼虫补充营养。各州政府与联邦政府合作，在25年间，东部14个州都引进了这种黄蜂。黄蜂家族控制金龟子的手段得到了专家的认可，于是就在这片地区繁荣起来。

除黄蜂之外，还有一位更重要的帮手是疾病。这种细菌性的疾病能够影响到金龟子科的昆虫，自然也包括日本金龟子。这种细菌非常特别，它的芽孢在土壤中生长，既不会攻击其他昆虫也不会对植物或温血动物造成伤害。金龟子幼虫一旦将其吞下，血液就会变成怪异的白色，因此它也被叫作"乳白病"。

这种病于1933年被发现于新泽西。五年后，它在日本金龟子间的肆虐程度已经相当高了。一年后政府就为这种疾病的扩散推波助澜，以开展控制计划了。他们创造出了一种替代物，能够起到传播疾病的效果，尽管当时扩散疾病的人造媒介还未问世。碾碎、晾干受感染的金龟子幼虫后混合白灰，就造出了这种每克含有上亿芽孢的混合物。通过联邦政府与州政府的合作计划，在1939年至1953年间，东部的14个州使用这种混合物处理了大约3.8万公顷土地，其他区域也是一样；虽然并不清楚个人和组织处理的具体区域面积，但可以肯定的是的确涉及了非常广阔的疆域。1945年的时候，这种疾病就已经遍及了纽约州、新泽西州、特拉华州、马里兰州以及康涅狄克州。幼虫对于乳白病的感染率在一些地区达到了94%。这种政府管控的扩散计划于1953年结束，转为私人接管。实验室继续向须要控制金龟子数量的人们和公民协会、园艺俱乐部等各种组织提供病菌芽孢。

乳白病芽孢可以在土壤中存活许多年，并通过自然媒介传播，控制效率很高，于是东部地区通过这种计划实现了对金龟子的自然控制。

既然东部地区能够通过这种手段控制金龟子数量，为什么伊利诺伊州以及中西部其他地区没有借鉴他们的成功经验，而是去谋求化学战呢？

根据一些人的说法，是因为乳白病芽孢的价格令人望而却步，显然东部14个州的人即使在20世纪40年代也不这么认为。"价格昂贵"是在什么考量下得出的判断？显然与使用次数无关，因为这样的判断忽略了一点——接种芽孢只须要支付一次费用就能一劳永逸，因为仅仅一次接种就足以完成全部的工作。

也有人认为，是因为乳白病的芽孢只能在具有大量金龟子幼虫的土壤中活跃，无法在金龟子分布范围的边沿地区使用。这种观点就像那些支持喷药的言论一样经不起推敲。这种细菌能够感染的金龟子至少有四十种，而且分布地区十分广泛，即使没有日本金龟子也能够保证乳白病充分传播出去。除此之外，我们已经说过乳白病芽孢能够在土壤中长时间存活，所以即使没有金龟子幼虫的存在，芽孢也可以默默蛰伏在土壤中等待着给它们致命一击。

那些希望效果立竿见影而不计较开销的人一定还会选择使用化学品去对待金龟子，因为化学控制须要频繁地重复进行，耗资可以达到天文数字，正符合那些喜爱现代社会快消费趋势的人群。

而那些真正希望与自然界达成完满双赢的人，不吝于付出自己的耐心去等待，就会选择乳白病。而大自然回报他们的是长时间有效的控制，而且还会随着时间的推移加大其控制效力。

美国农业部在伊利诺伊州皮奥瑞亚开展一项范围广阔的研究项目，目的是人工培育乳白病的有机体。如果项目研究成功，会减少接种乳白病的成本并促进这种方式的推广。在多年努力下已有了一些小成果，一旦真正有了成效，中西部地区噩梦般的破坏就不会再现，我们能够用理性、合适而有远见的方法去对抗日本金龟子。

发生在伊利诺伊州东部地区的事件引发了我们对于一个科学问题的思考，同时也是道德层面上的：任何一种文明是否都有资格肆意对其他生命发动战争，同时能够在战争中明哲保身，也不丧失被称为"文明"的资格？

杀虫剂无法选择生物，它们无法有针对性地去杀死我们预计的目标。我们使用杀虫剂，仅仅因为它们拥有致命的毒性。因此，所有接触到它们的生物：心爱的家养猫咪、农夫赖以为生的奶牛、展翅高飞的云雀和田野里的野兔，都会被其杀死。这些动物的存在一直为人类提供着无数乐趣，也从未威胁到人类的生活，可是得到的是人类赠予的突如其来的、恐怖的死亡。有一位科学观察者在谢尔顿市观察到一只云雀临死前呈现着无比可怜的模样：它已经失去了肌肉协调能力，无力起飞，甚至难以站起，只能侧躺在地，努力扑棱着自己的双翼，脚爪紧紧地抓握在一起。它张着嘴吃力地呼吸。垂死的松鼠比云雀的模样更加悲惨，它看起来"呈现着独特的死亡状态，弯曲着背部，前爪紧握，缩在自己的胸口……脖子和脑袋长长地伸着，嘴里还含着泥土，这表明它在死亡时痛苦地啃咬土地"。

我们居然愿意接纳这种行为模式去对生物进行折磨。这不得不被视为人类道德的沦丧和人格的污点。

第八章 再听不到鸟儿的歌声

现在，越来越多的美国人意识到，他们已经很少看到鸟儿春归的身影，很少在清晨听到鸟儿叽叽喳喳的叫声。鸟儿为我们带来的色彩与歌声几乎在一夜之间彻底消失了，毫无预兆，令人措手不及。在那些未受影响的地区，人们根本意识不到这件事的严重程度。

1958年，伊利诺伊州欣斯代尔镇的居民已经对这样的生活充满绝望，不得不向世界鸟类学家提出求助。一名家庭主妇在给美国自然历史博物馆鸟类馆的名誉馆长罗伯特·墨菲的信中写道：

"近几年来，村里的邻居一直在给榆树喷药。六年前我们刚刚迁居来到这里时，看到了数不清的鸟儿，为此我专门安装了喂食器。每到冬天，红雀、山雀、五子雀、绒毛鸟都会簇拥在我的窗前觅食。夏天时，它们就会带来自己的幼鸟。

"然而，在大面积喷撒滴滴涕几年之后，我再也看不到知更鸟和燕八哥的影子了。往年还能在我的喂食架上找到山雀，可是近两年山雀、红雀也绝迹了，在我们周围筑巢的鸟儿仅仅剩下了两只鸽子和几只猫鸟。

"当孩子们问到鸟儿的去向时，我无法告诉他们这些鸟儿已经被杀害了，因为孩子们会用学校学到的知识来反驳我：'联邦法律禁止捕捉鸟类，禁止杀害鸟类！'他们又问：'鸟儿们还会回来吗？'我不知道该说什么好。榆树不断枯萎，鸟儿不断死去，而政府到底在做什么呢？我们应该如何设法改善现状？我能为此做什么呢？"

为了灭除火蚁，联邦政府曾经大规模喷撒灭虫药。在灭虫运动结束一年之后，生活在亚拉巴马州的妇女写信抗议："我们和周围的鸟儿和谐共处了五十多年，去年七月又来了一批新的鸟儿，它们生活在这里有如天堂。可是八月中旬，这一切全都改变了，鸟儿消失得一干二净。当我早起照料家里的母马和小马驹时，听不到一点点鸟鸣声，这简直让我不敢相信。人们是怎样破坏了这个美好的世界？直到整整五个月后，我才发现了冠蓝鸦和鹪鹩的踪迹。"

这位女士在信中提到的那个秋天，自然环境的确相当严峻，美国南部地区提交的报告证明了这一点。《野外记录》（美国奥杜邦协会、美国鱼类及动植物管理局共同发布的季刊）中指出，许多地区都出现了鸟类绝迹的可怕情况，包括密西西比州、路易斯安那州和亚拉巴马州。生活在这些地区的观察者都熟悉鸟类习性，有着丰富的实地考察经验。他们说，即使在密西西比州南部驱车行驶很长一段路程，都见不到一只鸟儿的羽毛。来自路易斯安那州巴吞鲁日的观察者说，将近一个月来，她的喂食架上都没有鸟儿活动的痕迹了。往年灌木丛里的浆果根本不够鸟儿吃，可是今年，这些红通通的小果子始终无人问津。还有另一位观察者在报告中提到，透过落地窗，他原本可以看到四五十只叽叽喳喳的鸟儿，包括红雀等多种品种，可是现在，窗前空荡荡的。就职于西弗吉尼亚大学的莫里斯·布鲁克斯教授花费多年来研究当地鸟类，据他证明，当地鸟类正在飞速减少。

关于知更鸟的故事可以证明鸟类所面临的悲惨处境，部分鸟类已经遇害，所有的鸟儿都承受着类似的风险。所有的美国人都知道，当知更鸟出现时，就意味着冬去春来，连报纸都会着重报道，人们更是会在饭桌上频频谈论。当大批知更鸟迁徙回来时，树林里重现绿意，鸟群会在清晨时放声歌唱。而现在，我们再也看不到类似的美景，知更鸟绝迹，人们不知道下一个春天将会如何。

要探究知更鸟和其他鸟类的命运，我们不得不研究与之密切相关的美国榆树。由大西洋沿岸至落基山，各地都能看见榆树的踪影，它们见证了美国城镇的发展，它们投下的绿荫陪伴着每一条街道、每一片广场和每一座高校校园。就在某一天，成千上万的榆树忽然患上了一种病，这种病大面积扩散，从事植物研究的专家也对此束手无策。人们不仅要承受榆树枯萎的悲伤，还须要面对知更鸟绝迹的困境——最使人痛心的是，知更鸟的死亡恰恰是人们徒劳救治榆树所造成的。

荷兰榆树病集中爆发于20世纪30年代初，装饰板材行业迅速发展，商人从欧洲各国进口榆树输入美国，同时也将荷兰榆树病传入了这里。附着在榆树上的真菌会侵入树木机体，在短时间内迅速扩散，分泌毒素，不断吸取榆树的生命力使其枯死。榆树病传染是通过树皮甲虫来完成的，甲虫挖凿死去的树木，沾染了病菌芽孢，将荷兰榆树病传染给其他树木。为了控制疫病的传播，人们致力于消灭树皮甲虫，由此就在中西部地区、新英格兰地区开展了大面积喷撒杀虫剂的行动。

针对树皮甲虫的杀虫剂会对美国知更鸟形成致命影响，这一情况是由密歇根州立大学的两位鸟类学者——乔治·华莱士教授和他的学生约翰·麦纳首先发现的。由于兴趣，约翰·麦纳选择了知更鸟问题作为自己的博士研究方向。在开展研究之前，没有人意识到知更鸟面临着巨大风险，而变故突如其来，知更鸟的绝迹彻底改变了约翰·麦纳的研究计划。

1954年，针对树皮甲虫的喷药行动轰轰烈烈地开始了，密歇根州立大学成为首个活动阵地。第二年，喷撒药物的范围扩大至该校所在的东兰辛市，而喷药的对象也不只是树皮甲虫，而是扩大至舞毒蛾和蚊虫，越来越多的化学物质蔓延在这个城市里。

1954年，喷药活动刚刚开始时，事情还发展得相当顺利。次年春天，知更鸟照常长途迁徙返回旧巢，正如汤姆林森在《失去的树林》中写到的，知更鸟就和书中的蓝铃草一样，丝毫没有意识到未来的危险。可是情况很快就出现了变化。人们在校园中找到了奄奄一息或已经死亡的知更鸟，原本鸟群聚集觅食的地方，如今空空荡荡。接下来的几年里都是如此，每一只飞进农药喷撒区的鸟儿都无法幸免，短短一星期内，它们会迅速毙命。不知情的知更鸟再度飞来，也就再度迎来厄运，这些可怜的鸟儿剧烈痉挛着，死状凄惨不已。

华莱士教授说，这些鸟儿期盼着飞回校园筑巢安家，没想到却迎来了死亡。但这一切的原因是什么呢？最初，华莱士误以为知更鸟们集体患上了神经系统疾病，但是他很快就发现了真实原因：鸟儿们死于杀虫剂毒素。即使使用杀虫剂的人们坚称这种药物对鸟类没有伤害，但是鸟儿们的确因此失去了平衡、飞翔的能力，剧烈颤抖、痉挛、昏厥乃至死亡。

研究证明，知更鸟没有直接接触杀虫剂毒素，这些化学毒素是通过蚯蚓来传播的。在一次实验中，工作人员不小心将蚯蚓喂给了蝼蛄，致使蝼蛄暴毙，同样因食用蚯蚓而死的还有实验室里的蛇。几次实验都证明，春日的知更鸟必定是因为食用蚯蚓而死。

解决知更鸟死亡之谜的最后一位关键人物是厄巴纳市伊利诺伊州自然历史研究所的罗伊·巴克。1958年，巴克博士出版了一本与知更鸟相关的学术著作，书中详细分析了知更鸟与蚯蚓、榆树之间的关系，抽丝剥茧，揭开了知更鸟之死的真相。春天，人们大面积给榆树喷撒杀虫药物，一般来说，50英尺（1英尺约为0.3米）高的榆树须要喷洒2~5磅滴滴涕，在榆树茂密生长区域，杀虫剂用量会高达每英亩23磅。同年七月，人们会以半数用量再次喷药，药物通过喷枪布满了榆树的每一寸树皮，其中的化学毒素毒死了树皮甲虫，同时也毒死了授粉昆虫、会捕食的蜘蛛和各类甲虫。这些毒素最终会在树木表面形成一层膜，风霜雨雪都无法除去这层毒膜。春去秋来，树叶凋零，落叶腐化融入土壤。负责分解落叶的生力军是土壤里的蚯蚓，榆树叶是蚯蚓所偏爱的食物，它们啃食落叶，同时也啃食了落叶表面附着的杀虫剂毒膜。化学毒素在蚯蚓体内不断累积，残留物逐渐增多，巴克博士在针对蚯蚓做出研究时，在它们的消化道、血管、神经等各个器官里都发现了毒素残留。部分蚯蚓因此死亡，部分蚯蚓顽强地活了下来，却将体内的毒素进一步传播给其他物种。当知更鸟在春天迁徙归来时，它们就因食用蚯蚓而遭受厄运。据研究，十一只大蚯蚓体内积累的毒素就足够令知更鸟死亡，而正常知更鸟的食量比这一数字大得多，在短短的几分钟内，它们就会被蚯蚓毒死。

即使一些知更鸟没有因食用蚯蚓暴毙，化学毒素造成的另一种可怕后果也会令它们灭绝，那就是中毒所导致的不孕。不只是知更鸟，当地其他动物也面临着类似的威胁。根据统计，在约 75 公顷的密歇根州立大学中，知更鸟数量已经从原先的 370 只锐减至二三十只，根本原因就是杀虫剂的喷撒。在杀虫药物喷撒之前，所有的知更鸟都会正常产卵，但是据麦纳观察，1957 年的校园里只剩下孤零零的一只幼鸟，与 370 只的预计数字完全不对等。1958 年，情况变得更加严重，华莱士教授表示，在长达几月的春夏两季中，他没有发现知更鸟幼鸟的一丝痕迹，其他人同样没有发现。

幼鸟绝迹的原因是什么？某些时候是因为成鸟意外死去，而华莱士教授的研究证明，事情的真相也许更加不幸，那就是知更鸟成鸟已经失去了生育能力。"统计证明，知更鸟和其他鸟类都没有正常孵化幼鸟。我们观察到的一对知更鸟成功产蛋，孵化了整整三周，却仍然没有幼鸟破壳。在正常情况下，两周左右的孵化期就足够了。"华莱士教授在 1950 年的国会委员会上这样报告着，"青壮年鸟类的睾丸和卵巢里都检测到了滴滴涕残留物，我们对十只雄鸟和两只雌鸟集中检测，前者体内的滴滴涕含量在 30/1000000~109/1000000 左右，后者体内的化学毒素含量则高达 151/1000000 与 211/1000000。"

后来，其他地区的检测报告也逐渐提交，研究结果同样不容乐观。研究人员包括威斯康星大学的约瑟夫·希基教授和他的学生，他们在喷撒杀虫剂的地区深入考察，与其他地区进行比对。根据统计，喷撒杀虫剂地区的知更鸟死亡率达到了 86%~88%。密歇根州布鲁菲尔德山的克兰布鲁克研究所也投入了这项研究工作，为了设法计算知更鸟的死亡数量，他们呼吁人们将中毒而死的鸟类尸体送来研究分析。令人感到意外的是，这项研究得到了许多人的响应。在之后的几周里，研究人员不得不打开常年不用的闲置机器，通宵达旦地坚持工作，但仍然无法检验所有的鸟类尸体，最后只能拒收部分样本。1959 年，他们检验过的该社区中毒鸟类尸体已经超过 1000 只，其中大多数是知更鸟。一位女士致电研究院，称她在自家院落里发现了 12 具知更鸟尸体。除此以外，研究院还分析了另外 63 种不同的鸟类尸体。

因此我们得知，荷兰榆树病导致的一系列悲剧中，知更鸟并不是个例。在整个美国还有数不清的喷撒杀虫剂活动，这些活动造成的恶劣影响和榆树事件类似。因故死去的鸟类已经多达九十余种，其中不少种类都是普通居民和鸟类爱好者在生活中常常见到的鸟儿。在部分城镇，由于大面积喷撒杀虫剂，九成鸟儿都离开了它们的旧巢，各种各样的鸟类都被迫迎接这场灾难，不论它们生活在地面还是树梢，不论它们是燕雀还是鸿鹄。

我们可以确信的是，生活在这片土地上的大多数鸟类和动物都面临着类似的困境，因为它们都会捕食蚯蚓或其他土壤生物。据统计，有 45 种鸟类都会食用蚯蚓，丘鹬就是其中一例。每到冬天，丘鹬就会飞往南方，由于南部地区被喷药活动所覆盖，丘鹬的生存环境也迎来了威胁。在新布伦瑞克出生的丘鹬幼鸟数量已经明显下降，科学家在它们体内检测到了滴滴涕和七氯的残留毒素。

研究报告指出，出现大批量死亡的鸟类已经有二十余种，它们基本都以土壤生物为食，而那些蚯蚓、蠕虫、蛆和蚂蚁体内都含有杀虫剂毒素。受害鸟类中包含三种极受人类喜爱的画眉鸟：绿背鸟、黄褐森鸫和隐夜鸫，它们的歌唱能给人们带来极大的享受。除此以外，歌雀和白喉雀也不幸遇难，人们再难看到它们叽叽咕咕聚集在灌木丛中觅食的小小身影了。

哺乳动物也极有可能中招，因为它们也会以蚯蚓为食，浣熊、负鼠、地鼠和鼹鼠就是活生生的例子。一旦这些小家伙因此中毒，捕食它们的鸣角鸮和仓鸮也会随之吸收毒素，那么，在一场春日暴雨之后，生活在威斯康星州的人们就会捡拾到鸣角鸮的尸体。一些鹰类和鸮类被发现处于惊厥状态，包括大雕鸮、鸣角鸮、赤肩鹰、雀鹰、泽鹰，所有的食肉鸟类都有可能因为吃过中毒鼠类、鸟类而二次中毒。

因榆树病而蒙受厄难的依然不只是土壤生物和它们的天敌。在那些喷撒杀虫剂的地方，不少以昆虫为食的鸟类也失去了生存的空间，红冠鸫鹩、金冠鸫鹩死去了，微不可见的食虫鸣鸟死去了，各种各样五彩缤纷的春日鸣鸟都死去了。1956年的暮春，因为种种原因，人们延迟了此次喷药的时间，大批无辜鸣鸟误入了刚刚喷撒过化学药物的地区，几乎全都送了命。同样的事情发生在威斯康星州的白鱼湾，由于农药喷撒，这里的桃金娘森莺数量从原先的一千多只锐减为仅剩两只。根据统计，不少人们喜爱的美丽鸟类都因为杀虫剂中毒而离开了我们，其中包括黑白林莺、木兰林莺、黄林莺和栗颊林莺等等。灶巢鸟会在春末夏初婉转莺啼，黑斑林莺是树林间最耀眼的一抹亮色，而栗肋林莺、加拿大林莺和黑喉绿林莺更是广受人们欢迎的鸟类，如今，这些美丽的小家伙要么因为中毒毙命，要么因为广泛杀虫后被活活饿死。

生活在空中的燕子同样受到饥饿的威胁，它们寻觅昆虫时的急切模样，就和青鱼在海洋里寻觅浮游生物时一模一样。来自威斯康星州的自然学者强调："燕子同样是这场灾难中的受害者。相比四年前，我们可以轻易发现燕子的数量急剧减少，几乎没有人还能看见漫天燕子的美景了。燕子们面临着化学毒素和饥饿两方面的共同威胁。"

其他鸟类面临的情况又是怎样的呢？这位观察家写道："菲比鸟面临着相当可怕的困境。正如我们所知，鹬的生存空间已经越来越小，而菲比鸟也将迎来相同的命运。近两年春天里，我仅见过寥寥一两只菲比鸟，威斯康星的许多观鸟者也发现了这样的情况。以前，我家院子里饲养着十几只红雀，现在连一只也看不到了。往年，我的花园租客包括鹟鹟、知更鸟、猫鹊、鸣角鸮，而现在，这些老朋友早就没了影子。盛夏清晨，当我推开窗户时，我再也听不到鸟儿的鸣叫声，飞过窗外的只剩下鸽子、燕八哥和英格兰麻雀，这样的现实令我难以接受。"

秋天，喷撒在榆树表面的化学药剂渗透进树皮，啄食树木的鸟类便惨遭不测，山雀、五子雀、花雀、啄木鸟和褐旋木雀都是受害者。在 1957 年的年尾，华莱士教授惊讶地发现，他家门前的鸟类喂食架上缺少了山雀和五子雀的身影。经过仔细寻找，他发现了三只奄奄一息的五子雀，并且进一步研究了它们的具体情况：一只曾经啄食过榆树树皮，一只明显表现出受到滴滴涕毒素折磨，一只已经毙命。通过检测濒死五子雀的内脏，华莱士教授发现了 226/1000000 的滴滴涕。

之所以有这么多鸟类受到伤害，归根结底还是和它们的捕食偏好有关，这实在是令人遗憾的。白胸五子雀和褐旋木雀都以害虫为食，山雀喜爱各种各样的昆虫。正如本特的鸟类巨著《生命历史》所写到的那样，当鸟儿飞过树林时，它们总是会栖息在树上，仔细寻找着树皮、树枝和树干附近可能存在的昆虫、虫茧和虫卵，这都是它们的食物。

科学家们证明，真正能够控制昆虫数量的并不是化学药剂，而是来自鸟类的自然捕食。当啄木鸟集中啄食恩格曼云杉甲虫时，这种昆虫数量就会在短时间内减少一半以上。另外，啄木鸟还喜欢啄食那些生长在苹果园里的卷叶蛾，而山雀等其他冬季活跃的鸟儿会啄食尺蠖，保护果园不受害虫的侵扰。

然而，在化学药品彻底影响了自然环境的今天，古老的自然规律几乎失去了它的作用。人们所研制出来的杀虫剂消灭了有害的昆虫，也消灭了有益的鸟儿，一旦昆虫再次向人类发起进攻，人类就会惊觉，我们失去了得力助手。在《密尔沃基日报》里有这样一篇文章，该地区博物馆鸟类馆馆长欧文·格罗梅写道，昆虫数量原本应该由它们的天敌——捕食性昆虫、鸟儿和哺乳动物来调整控制，人类凭借滴滴涕等化学药物粗暴地干扰了这一切。事实上，我们已经承受着来自化学药物的威胁，我们已经一败涂地，却还自诩文明进步。当成百上千的榆树彻底枯萎，当鸟儿们全都死于杀虫剂毒素以后，这些具有抗药性的新生害虫依然不会停下它们攻击树木的步伐。到时候，我们又该采取怎样的措施？

格罗梅先生告诉我们，在威斯康星州开始喷撒杀虫药剂后，鸟儿的生命安全就受到了人们的高度关注，雪片似的信件飞往研究所和博物馆，每天都有无数电话响起。这些质询表明，有鸟儿死亡的地区都喷撒过杀虫剂。

纵观美国中西部的各个研究所，从事鸟类研究的专家们大多都和格罗梅先生持有相同意见，这其中包括密歇根州的克兰布鲁克研究院、伊利诺伊州的自然历史研究所，以及威斯康星大学的研究中心。舆论同样如此，在弥漫着杀虫剂气息的地方，居民们都会通过报纸的读者专栏来抒发他们对杀虫剂的痛恨，他们对于化学药物的了解往往比主管该部门的官员更加丰富。一位来自密尔沃基的女士说："我为这些鸟儿感到痛心不已，更让人气愤的是，这场屠杀的初衷和最终的结果完全南辕北辙。让我们将眼光放远，如果抛弃了鸟儿，我们就能确保树木的健康吗？在自然环境里，鸟类和树木是相互依存的，难道我们就不能找到两全其美的办法，既能救治树木，也不会伤害到鸟儿吗？"

在其他信件中，人们也提出了类似意见。尽管高大的榆树能够为人们遮风避雨，可是这种树木并非神圣不可侵犯，如果为了救治榆树牺牲其他的动物，显然是不值得的。来自威斯康星的另一位女士就这么说："榆树是我们的象征，我热爱榆树，但是它不过是千万种树木的其中一种罢了，保护鸟类是更加重要的事情。如果我们在春天听不到知更鸟的歌唱，这世界将会是灰扑扑惹人厌烦的吧。"

对大多数人来说，他们只须要面对一个二选一的简单问题：选择鸟类，还是选择榆树？可是实际上，我们须要考虑更多更复杂的问题。化学药物会为我们的生活染上不少荒诞色彩，如果一意孤行，未来只会一败涂地。人类集中喷撒的杀虫剂药物使鸟类丧命，却也没能拯救榆树，我们付出了一个又一个惨痛的代价，却几乎没有换来任何收益。以康涅狄格州的格林尼治市为例，工作人员坚持在那里喷撒了十年的化学药物，随即迎来的就是一整年的干旱，甲虫借此机会卷土重来，十倍数量的榆树因此而死。而在伊利诺伊州的厄巴纳市，人们在1951年第一次发现了荷兰榆树病，两年后迅速组织喷撒杀虫剂的行动，并且在之后的六年里坚持喷药，然而，八成以上的榆树依然没有得到有效救治，其中一半树木的死亡都和荷兰榆树病有关。

生活在俄亥俄州托莱多市的约瑟夫·斯威尼就面临着类似的情况。他是一名林业主管，他所在的地区组织喷药行动已经超过六年了，可斯威尼先生意识到，即使政府和学者都号召人们喷撒杀虫剂，但当地的环境问题并没有得到改善，反而更加糟糕了。斯威尼决心自行研究这一项目，研究的结果超出他的预料。他发现，托莱多市的受控区域中必须移除所有染病染虫的树木，如果没有移除，而是喷撒了杀虫剂，那么情况反而会失控。当人们对乡村和城市进行比较时，人们会发现，落后地区比先进地区的情况好得多，这就说明杀虫计划是完全错误的，化学毒素没能杀死全部的害虫，反而杀死了它们的天敌。他说："我尝试呼吁人们改变喷药杀虫的计划，为此不惜和美国农业部的拥护者发生冲突，但我相信我的发现是正确的，我会坚持到底。"

其实，在美国中西部的小城镇，榆树病扩散的情况完全没有人们想象中那么严重，为什么一定要采用耗资巨大的喷药活动，而不是征询其他地区的成功经验呢？我难以理解这一情况。纽约州的人们就有着治理荷兰榆树病的丰富经验，1930年，带病的榆木恰好就是从纽约港输入美国的。纽约人与榆树病打了漂亮的一仗，他们无须依靠化学药物，甚至明令反对使用化学药物。

那么，纽约是采用什么办法来应对荷兰榆树病的呢？在发现榆树病蔓延之后，纽约人采取了有效的隔离措施，他们将染病榆树与健康榆树分开，集中处理掉染病的榆树。一开始，这并没有什么效果，因为人们并不了解，除了患病榆树，那些可能有树皮甲虫产卵的榆树也应该处理掉。纽约人将患病榆树劈成柴木用来烧火，但这些柴木必须在春天到来前使用掉，否则，栖息在树干深处的甲虫就会苏醒，借着觅食的机会，将它们所携带的病菌输送向其他的榆树。纽约昆虫学家比对了多种树木，从中找到了最容易传播疾病的一种，要求人们集中销毁防疫。这一举措的确卓有成效，1950年，当地55000棵榆树中发病的仅有几百例，感染率小于1%。维斯切斯特县的防疫计划也轰轰烈烈地展开了，1942至1956年的十四年间，榆树损害被控制在最低程度。水牛城里的185000棵榆树也得到了恰到的控制处理，数据类似。我们可以确信，在未来的三百年里，水牛城的榆树都是安然无恙的。

相对来说，雪城的榆树病更加令人担忧。这所城市针对榆树的实际措施开始得相当晚，在 1957 年之前的六年中，雪城有三千多棵榆树染病枯死。真正开始着手处理榆树病的人是纽约州立大学林业学院的霍华德·米勒，在他的组织下，人们合作处理了所有染病榆树和附着甲虫的树木。现在，榆树的死亡率已经降低至不足 1%。

来自纽约州的自然学者认为，这些榆树病防控措施的性价比是相当高的。来自纽约州立农学院的马蒂斯教授认为，人们对于成本的预算往往是虚高的。当榆树因染病而枯死或是枝干断裂时，我们须要及时处理掉染病树木，以防进一步的财务、人员损失。我们可以将这些染病树木用于烧火（须要注意的是，必须在春天到来前彻底烧完），也可以剥离树皮、确保榆树的通风干燥。我们须要集中力量处理所有的染病榆树，要知道，砍树和处理木材所用到的成本，必定会远远低于拖延处理的后续成本。

因此，荷兰榆树病是完全能够得到控制的，只须要确保防控及时合理。虽然人们还没有研究出彻底消灭榆树病的治疗方法，但只须要保证管控得当，就能将某一地区的榆树病控制在小范围里，避免使用杀虫剂对鸟类造成的危害。植物学家提出，他们能够通过杂交实验，培养出抵御榆树病菌的新型榆树品种，所借助的榆树树种来源于欧洲榆树，这种生长在华盛顿地区的树木具有不易感染病菌的特性。事实证明，即使大批量本地榆树都受到感染的时候，它们依然能够保持健康。

而在榆树大面积死亡的地方，工作人员采取的解决措施包括种植树苗和造林计划，参与移植的树苗包括抗菌性强的欧洲榆树等其他树木，这样的选择能够确保当地树木多种多样，不会因为某一场疫病而集体死亡。"确保生物多样性"——这一定义是由英国生态学家查尔斯·埃尔顿所提出的，这就是确保动植物健康生存的核心所在。我们现在之所以面临着严峻挑战，很大程度上是因为过去的人们没有生物多样性的意识。二三十年前的人们压根儿不知道，在某一区域内大面积种植同一种树木会引来厄运，所以榆树遍及各个城镇的街道、广场、公园。如今我们看到了这样的后果：榆树枯死，鸟类绝迹。

另一种鸟类也和知更鸟一样面临绝境，那就是代表美国的鸟类——鹰。在过去十年的岁月里，鹰的数量一年比一年少。它们的生活环境是怎样的？繁殖能力又为什么逐年降低呢？人们目前不得而知，但是据调查，杀虫剂毒素与这件事有着脱不开的关系。

在佛罗里达西海岸附近，我们很容易看到鹰的身影，从坦帕到迈尔斯堡都能找到它们的鸟巢。从事相关研究的著名人士是温尼伯市的退休银行家查尔斯·布罗利。他花费十年的时间给一千多只幼鹰做标记（在此之前，得到标记计算的鹰只有116只）。每年冬天，布罗利都会给巢中幼鸟做好标记，当它们飞离巢穴、前往天空，人们能够根据标记继续追踪这些鸟儿的经历。研究显示，这些鹰从佛罗里达起飞，沿着海岸线一路北上，大部分鹰会去到加拿大，而那些热爱旅行的冒险家会一路飞到爱德华王子岛。人们以往认为这些鹰不必迁徙，但实际证明，每年秋天，这些鹰都会前往南方过冬，人们能够在宾夕法尼亚州的霍克山看到它们聚集迁徙的身影。

一开始，布罗利先生很容易在附近海岸找到幼鹰巢穴，他记录下来的鹰巢多达125个，每年标记统计的幼鹰约为150只。而在1947年后，情况出现了变化。幼鹰数量逐年下降，相当一部分成鹰无法产蛋、无法孵蛋。在1952年到1957年的几年之中，八成鸟巢中都听不到幼鹰的叫声。1957年，原先125个鹰巢中只剩下43个鹰巢里还有鹰活动的痕迹，其中仅仅有7对成鹰还能产下幼鹰（成功孵化的幼鹰共计8只），有23个巢穴虽然出现了鸟蛋，但这些鸟蛋无一例外无法孵化，13个巢穴只剩下零星的食物残渣。又隔一年后，布罗利先生找遍了周围160多公里的各个鹰巢，仅仅发现了一只幼鹰,43个出现活动痕迹的鹰巢中,如今只剩10个鹰巢还居住着成鹰。

布罗利先生逝世于1959年,这项有意义的鹰类观测活动不得不戛然而止。但是,佛罗里达州奥杜邦协会、新泽西州、宾夕法尼亚州都提供了相同的研究报告,他们一致认为,如果放任目前的情况继续发展,象征美国的动物不得不改变了。霍克山自然保护区负责人莫里斯·布朗的观点尤其值得人们重视。位于宾夕法尼亚东南部的霍克山风光旖旎,阿巴拉契亚山脉阻挡了吹向沿海平原的西风,西风遇阻出现偏斜,形成上升气流,不少鹰会借着这一机会扶摇直上,毫不费力地长途飞行前往南方。这就是霍克山成为鸟类迁徙枢纽的原因,各地迁徙的鸟儿都会在此相聚。

在霍克山自然保护区工作的二十年间,莫里斯·布朗所观察研究的鹰类数量超过了任何一个美国人。它们往往会在夏秋之交统一迁徙,这些鹰结束北方的夏日度假,当秋日来临时千里迢迢飞回家乡佛罗里达。据观察,初冬时期会有更庞大的鹰类飞过霍克山,它们或许来自北方更远的地方。1935年至1939年,保护区刚刚成立,这里的鹰将近一半都是深色羽毛的幼鸟,年龄不满一岁。但是随着时间的推移,幼鸟越来越少了。据统计,1955年至1959年间,幼鸟数量只占总数的二成,其中1957年,幼鸟和成鹰的比例更是低至1:32。

这样的观测结果不仅发生在霍克山。1958年,伊利诺伊州自然委员会的埃尔顿·福克斯发声了。据他观察,北方的鹰类会飞往密西西比河和伊利诺伊河,并在那里度过冬天,而这一年鹰群中的幼鸟数量少得可怜,几乎降至六十分之一。而在世界上仅有的鹰类保护区(萨斯奎汉纳河的蒙特约翰逊岛),情况更加严重,鹰类繁殖能力锐减,几乎出现了物种灭绝的苗头。这座岛上始终保持着天然风貌,尽管它与康诺文格大坝仅相距不到13公里,与兰开斯特郡河滨仅相距约800米。1934年,来自兰开斯特郡的鸟类学者赫伯特·贝克先生常驻于此，将观测方向指向了某一个鹰巢，进行长期的观测工作。在接下来的三年里，巢穴中的鹰类繁殖完全正常，而1947年后，情况变了，成鹰交配产蛋，却无法正常孵出幼鹰了。

成鹰产蛋无法孵化，这同样是蒙特约翰逊岛和佛罗里达州所出现的实际情况。我们必须探究这些问题的真实原因，究竟是什么破坏了成鹰的繁殖能力？

毋庸置疑的是，人类所研制出的化学品会破坏动物的生育能力。例如，美国鱼类与野生动物管理局的詹姆斯·德威特博士就做过类似的实验。他以鹌鹑和野鸡作为实验对象，在它们身上试用不同剂量的杀虫剂药物。实验证明，成鸟不会因为接触到化学物质而直接死亡，但它们的繁殖能力有可能受到严重影响，这种结果会以不同形式表现出来。假如繁殖期的鹌鹑食用了残留有化学毒素的食物，表面上看起来不会出现异常，但它所产的鹌鹑蛋几乎都无法正常孵化。德威特博士说，还有些鸟蛋能够正常孵化，但是出生的幼鸟会在短时间内迅速死亡。在更严重的情况下，成鸟体内积蓄的化学毒素实在太多，那么它们会彻底失去产蛋的能力。加利福尼亚大学的罗伯特·拉德博士和理查德·吉纳利博士也通过实验得出了相同的结论。野鸡服用了狄氏剂之后，生蛋的频率就会明显下降。即使成功产蛋，这些化学毒素一天天积累在蛋黄中，对孕育着的幼鸟也会造成致命影响，幼鸟的夭折也就并不奇怪了。

华莱士教授和他的学生理查德·伯纳德都赞同这一看法。他们近期的检测显示，密歇根州立大学中生活着的知更鸟体内能够检测出大量滴滴涕残留物，这些化学毒素分散在雄鸟的生殖器中，分散在雌鸟的卵巢中，分散在成鸟体内的胚胎中，分散在那些永远无法孵化的鸟蛋中。

这就是杀虫剂灭绝动物未来的有力证据。毒素潜藏在鸟类的胚胎和鸟蛋蛋黄中，无形中为幼鸟输送致命的有毒物质，这就解答了德威特博士的疑惑——为什么破壳而出的幼鸟会早早夭折，甚至活不到破壳的那一刻。

人们无法将鹰困在实验室里进行动物实验，科学家们只能尽可能在佛罗里达、新泽西等地区进行野外研究，试图寻找鹰类繁殖能力降低的真相。各类蛛丝马迹都将源头指向杀虫药物。在水源充足的地方，鹰会捕食鱼类，例如阿拉斯加鹰的食物里，鱼类占比就达到65%，切萨皮克斯湾鹰的食谱中，这一数据约为52%。我们可以确定，布罗利先生研究的鹰类就是这其中的典型案例。1945年后，沿海地区的人们就针对盐沼蚊反复喷撒滴滴涕杀虫药物，鱼虾蟹类中毒死去，体内残留的滴滴涕物质约为46/1000000。周边的鹰类食用了死鱼，体内也积累了大量杀虫剂，情况就和清水湖边的水鸟一模一样，野鸡、鹌鹑、知更鸟……无数的鸟类丧失了繁衍能力，最终只能迎来灭绝。

各个地方的鸟类都遭受了类似的厄运。尽管具体情况有所不同，但是所体现的问题都是相同的，杀虫剂中含有的毒素毒死了各地的动植物。法国的园丁将含有砷药的杀虫剂喷撒在园圃里，本意是为了治疗葡萄藤虫病，然而数不清的野鸟和松鸡为此送命。比利时农夫在他们的农田里喷撒过类似的药物，声名远扬的当地松鸡几乎灭亡。

而英国人面临的问题更加严峻，当地人习惯于加工作物种子，以前使用的加工药物基本以杀菌剂为主。杀菌剂不会毒杀鸟类，狄氏剂、艾氏剂或七氯却并非如此。1956年后，当地人同时使用多种不同的处理方法，寄希望于彻底杀虫，这些药物将当地动植物推入了绝境。

1960年的春天，来自英国各地的鸟类报告递交至英国野生动物管理局，各地的鸟类研究者都发现了无数鸟儿尸体，他们通过英国鸟类学会、皇家鸟类保护协会和猎鸟协会，呼吁管理局重点研究此事。诺福克地区的一位农夫说，这里仿佛是一片荒芜的战地，鸟类的尸体堆积如山，包括苍头燕雀、金翅雀、红雀、篱雀和麻雀等等，无数人为此痛心疾首。当地的一位猎场看守说："松鸡、野鸡和其他的所有鸟儿都死了，它们是被喷撒了杀虫剂的玉米所毒死的，我在这里工作了一辈子，从来没见过松鸡会像这样死去，我真是觉得受不了。"

报告显示，英国鸟类学会和皇家鸟类保护协会的研究学者分析了 67 只鸟的死亡情况。在这其中，将近 60 只鸟儿都误食了喷过药的植物种子，剩余的鸟儿死于直接接触农药。实际上，还有数不清的鸟儿死在 1960 年这个寂静的春天里。

次年，情况变得更恶劣了。鸟类死亡的报告已经提交至下议院，诺福克的庄园主发现了超过 600 具鸟类尸体，北埃塞克斯的农场主承担着失去 100 多只野鸡的损失。没多长时间，有 34 个郡都出现了类似的鸟类死亡事件，严重程度已经超过了 1960 年 23 个郡的旧案例。林肯郡农场主蒙受损失最为严重，一千多只鸟儿从空中跌落。北至安格斯，南至康沃尔，东至诺福克，西至安格拉斯，当地的农人们再也无法听到鸟儿的歌声。

1961 年，关于鸟类问题的议论甚嚣尘上，下议院为此专门成立了研究鸟类问题的特别委员会。他们与农业部官员、农场主、农民进行深入访谈，走访各个官方或非官方的野生动物保护机构，进行调查研究。

现场证人说，他们亲眼看到了鸽子们飞着飞着会突然坠落，他们驱车两三百公里也找不到红隼的影子。即使是政府官员也不得不承认，他们从未在 20 世纪以来见过类似的情况，野生动物面临着从所未见的可怕困境。

但是问题在于，人们无法及时分析受害鸟类的尸体，相关设备不足，从事该行业的资深研究人员也不足。在英国只有两位化学家能够完成这一难度的研究，其中一位就职于政府机构，一位就职于皇家鸟类保护协会。在鸟类尸体极容易被烧毁的今天，人们为了收集鸟类尸体付出了不少努力。检测结果证明，除了一只不吃种子的沙锥鸟外，所有检测到的鸟类体内都含有杀虫剂的残留毒素。

除了鸟类，受到死亡威胁的动物还有狐狸，因为它们以老鼠、小鸟为食，极容易通过食物链受到化学毒素的入侵。英国农夫深受野兔困扰，希望狐狸能够帮助他们控制野兔数量。但是人们发现，在1959年末至1960年初这短短四五个月中，一千三百多只狐狸不明不白地死去了。狐狸死亡情况最严重的地方恰好是雀鹰、红隼等猛禽绝迹的地方，这就充分说明两者死亡原因接近，狐狸的暴毙也和食物链中的化学毒素有着脱不开的关系。临死前的狐狸所表现出的症状证明了这一点：它们不断原地转圈，疯疯癫癫、目不视物、死状凄惨，和其他氯化烃中毒的动物一模一样。

在了解了这些实际情况以后，委员会成员意识到，当前的野生动物生存环境已经相当恶劣。他们当即对下议院做出申报，请农业部长和苏格兰事务大臣颁布杀虫剂禁令，禁止人们再使用那些含有狄氏剂、艾氏剂、七氯等多种成分的杀虫剂来拌种。同时，委员会成员要求相关机构为市面上的化学品设立更严格的检测，这项措施填补了以往杀虫剂开发的空白领域。在过去，研究人员开展的杀虫剂实验仅针对普通动物，如老鼠、狗和豚鼠，研究环境也完全受到人为控制。鸟类、鱼类以及更多的野生动物从来不被列为实验对象，当它们处于自然条件下，会受到杀虫剂的什么影响？人们根本不知道。

英国所遇到的问题绝非个例，在美国加州和南部，当地鸟类死亡率居高不下，同样是因为食用了化学品加工后的种子，而且这种情况持续的时间相当长。加州农民习惯于用滴滴涕化学药物加工种子，使稻苗提升对鲨虫、水龟虫的抵抗力，这些种子无疑对当地鸟类埋下了隐患。十年前，猎人们还能在稻田里轻松捕获水鸟和野鸡，可是后来，鸟类数量逐年下降，特别是野鸡、鸭子和乌鸦。不少人发现当地的鸟儿会在春天患上一种特殊的"野鸡病"，它们浑身无力，瑟缩在水沟和田埂上不住发抖，遭受着口渴的剧烈折磨。春天恰好是播种水稻的季节，人们会在这段时间大肆使用滴滴涕农药。

人们对于杀虫剂的研究并没有就此止步。新研制的杀虫剂毒性更强，对野生动物的伤害也更加严重，毒性对野鸡来说是滴滴涕100倍的艾氏剂如今被普遍用于种子加工。在得克萨斯东部，人们已经开始替当地的树鸭感到担忧了。这种栖息在墨西哥湾的鸟类，通体黄褐色，有时会被人们误认为是鹅。事实上，我们有理由相信当地稻农使用艾氏剂是为了达到为种子加工和减少乌鸦数量的双重目的，然而这对生活在稻田中的数种鸟类造成了灾难性的影响。

随着灭杀习惯的形成，人们越来越常使用这种手段来清除对自己造成烦恼或不便的生物，在这种情况下，鸟类不再是杀虫误伤的受害者，部分毒药的研制正是为了清除鸟类。越来越多的农夫向天空喷洒对硫磷农药，因为鸟类会啄食他们的庄稼。鱼类与野生动物管理局的工作人员意识到，对硫磷会对人类、牲畜和野生动物同时造成威胁，因此，当前情况必须得到干预。印第安纳州的南部已经出现了过度使用对硫磷的恶劣事件。1959年夏天，农民们雇佣飞机沿河喷洒对硫磷，杀害对象是附近栖息的野生乌鸦。当这种鸟儿啄食农民的玉米时，以前的农民会改种其他品种的玉米，可现在，人们误以为毒药更加一劳永逸，他们向着鸟儿们亮出了屠刀。

大量的鸟儿中毒死去了，据统计，死亡的具体数字达到了65000以上，这完全达到了农民们的心理预期。可是是否所有的死亡生物都得到了记录？我们不得而知。当毒药对硫磷被大面积洒向田间地头时，死去的不仅仅是啄食玉米的乌鸦，奔跑在田埂上、栖息在洞穴里的野兔、浣熊和负鼠都被殃及，倒毙在了喷洒农药的区域。很明显，主宰一切的人类并不在乎这些小家伙的生死。

　　而人类必将因此付出代价。在结束喷药一个月后，加州果园里的工人依然会因为接触树叶而中毒，他们患病乃至昏厥，经过医生们的全力救治，才从死神手中抢回了性命。印第安纳州的孩子们喜欢在野外嬉戏，他们的足迹遍及丛林、田野和河流，我们应该如何确保孩子们的安全？没有人能告诉途经这里的每一位游客，这是一片洒过毒药的土地，每株植物都笼罩在死亡的阴霾之下。即使危害如此大，农夫们喷洒药物集中消灭乌鸦的行动依然没有得到有效干预。

　　在研究类似问题中，人们往往会对其中的一些关键因素避而不谈——在这一系列化学毒素扩散事件中，谁应该为此负责？是谁决定对榆树附着的甲虫采取杀虫措施，又是谁对鸟儿的死亡毫不在乎？但当我们身边彻底失去了鸟儿的歌唱声时，我们必须追问，是谁首先决策使用杀虫剂的？当独裁者短时间掌握权力之后，千百万人都为了这一错误决定而付出代价。我们绝不能忽视平和美丽的自然环境，大自然有着不可估量的价值。

第九章 死亡之河

　　大西洋蔚蓝色的深水处，有无数条与海岸连接的小径，这是鱼类从深海洄游的秘径。这些小径看不见、摸不着，但它们实实在在地存在于河流入海的波浪中。数千年来，鲑鱼就是沿着这些小路从深海返回河流，返回它们出生时的家乡。1953年，新布伦瑞克海岸的鲑鱼在夏秋之交游进小径，从大西洋回到它们原先居住的米拉米奇河。这条河流水源交织，风光如画。每到秋日，鲑鱼在河床沙地里产下鱼卵。清澈河水淌过河床，云杉树、香脂冷杉、铁杉和松树的树影微微摇曳，此处是最合适的鲑鱼产卵地。

　　千万年以来，一代又一代的鲑鱼在这里繁衍生息，生长在米拉米奇河的鲑鱼逐渐在北美声名远扬。可是就在1953年，意外来临了。

　　每年秋冬季节，产卵期的鲑鱼将硬邦邦的巨大鱼卵放置在河底沙砾浅槽中，鱼卵在深眠中度过寒冷冬日。当气温回暖，河里坚冰融化后，鱼卵才能孵化成小鱼。这些半寸来长的小鱼藏身在河底石块的间隙，它们没有捕猎进食的能力，只能从卵黄囊中吸收营养。当小鱼稍微长大一些后，它们就开始在溪水中捕捉昆虫果腹。

　　1954年春天，人们能在米拉米奇河的溪流中找到当年孵化的鲑鱼稚鱼和出生一两年的小鱼，这些小东西周身遍布红色的斑斓花纹，正在溪水间觅食捉虫。

　　在气温逐渐升高以后，事情发生了变化。1953年，为了治理云杉卷叶蛾，加拿大政府组织工作人员大面积喷撒农药，他们带着农药喷剂进驻了米拉米奇河西北部，全副武装，应对这种常青树上附着的当地害虫。回顾加拿大以往的杀虫历史，我们会看到，每隔35

年云杉卷叶蛾就会造成虫灾。1950年，虫害又一次爆发，人们首次将滴滴涕作为灭虫的有力武器。杀虫剂的使用规模逐渐扩大，到了1953年，喷撒滴滴涕的森林面积已经从原先的数千公顷扩大为数百万公顷。人们的初衷是为了保护香脂冷杉，尽可能发展造纸相关工业，但杀虫剂却埋下了无穷的隐患。

就在这一年的夏天，装有杀虫剂的飞机飞过米拉米奇河上空，不断喷撒下细密的白色滴滴涕烟雾。每英亩需要的药物约为0.5磅，风会将药物带去更远的地方，它们积在香脂冷杉的树梢与叶片上，渗入土壤，落入溪流之中。飞机飞行速度快，飞行员又不知道应当在河流附近停止撒药（即使他这样做了，也无法改变空气流动造成的药物传播），因此，药物撒遍了森林与河流。

杀虫任务结束以后，糟糕的迹象逐渐出现在人们的生活里。附近河里的鳟鱼、鲑鱼在短时间内无故暴毙，林子里的鸟儿也遭受了相同的命运。河流中变得死气沉沉。从前，水中有许多鲟鱼和鲑鱼的食物——毛翅蝇幼虫栖息在树叶、草梗和碎石的间隙，石蝇蛹附着在水中岩石上，黑蝇幼虫则生活在浅滩石块或斜石边的小溪里……然而现在，这些细微的虫子都被杀虫剂彻底杀绝，无数的小鲑鱼失去了食物来源。

在这场席卷各种生物的灾难中，小鲑鱼没能幸存下来。到8月时，当年春天在河床上孵出的小鲑鱼都已死亡，一年的繁育化为乌有。早一两年孵出的小鲑鱼的情况也只是好一点点。飞机喷撒农药后，一岁大的小鲑鱼仅有1/6存活；两岁的小鲑鱼原本应该沿河汇入大海，却在这场灾难中死去了三成。

加拿大政府从1950年开始组织研究人员调查鲑鱼的生存情况，每年记录相关数据，在此之前，人们对这些根本一无所知。生物学家仔细记录了成年鲑鱼数目、小鲑鱼数目、米拉米奇河的现存鲑鱼数目和剩下的鱼类数目。当我们对比喷药前后的具体数据时，就能直观地看到杀虫剂对我们的生活造成的影响。

科学家的研究数据和报告，不仅使鱼类的生存状况为大众所知，还使我们看到米拉米奇河的水域状况。杀虫剂注入河水之后，大量昆虫死亡，各种鱼类也出现了生存危机。要想解决这一危机，米拉米奇河必须花费几年来休养生息。

容易在短时间内恢复活力的昆虫是摇蚊和黑蝇，鲑鱼幼鱼可以靠着这些食物来渡过难关。但要想吃到其他的大昆虫，如毛翅蝇、石蝇和浮游幼虫，则必须等待一段日子了，这就会使两三岁的鲑鱼被迫饿肚子。杀虫工作结束一年以后，除了少量幼小石蝇，它们没能再发现任何食物。加拿大当地人试着对这些鲑鱼伸出援手，他们圈出一片水域，人工养殖毛翅蝇等小虫子。但是，水中残余的化学物质依然会让这些小虫子在短时间内迅速死亡。

而杀虫任务原本针对的对象——卷叶蛾呢？实际上，它们并未得到有效处理。在 1955 年到 1957 年的三年间，布伦瑞克和魁北克的人们不断在当地喷撒杀虫剂，有些地方甚至重复喷撒，超过 600 万公顷的大地上都弥漫着化学药物的浓重气息。但是几年之后，卷叶蛾依然再度对人类发起攻势，人们不得不在 1960 年前后两次大面积喷药。我们意识到，对付卷叶蛾绝不是一件短时间内就能完成的事情，要想确保当地的香脂冷杉不再掉落叶子，喷撒杀虫剂的工作起码还须要维持几年。那么，化学毒素给这片土地带来的伤害就还将继续。为了挽救当地鱼类，渔业相关部门提出降低杀虫剂浓度，加拿大林业局同意了这一建议，将滴滴涕用量从原先的每英亩 0.5 磅下调了一半（然而在美国，农田中的滴滴涕用量仍然高达每英亩 1 磅）。几年之后，随着农药用量受限，少量鲑鱼慢慢地恢复了原先的生命力，但农药喷撒只要一天不停止，这里的鲑鱼生态就永远无法恢复原貌。

米拉米奇河上的困境最终是由一系列意外事件来解决的，这样的罕见情况在一百年内都不会再次出现,我们须要在此对发生的事情进行详细梳理。

如前文所述,1954 年,米拉米奇河流域已经在西北方喷撒了大量杀虫剂。后来,除了两年后的一次小面积喷药外,该流域的上游地带没有再进行人为喷药活动。在这一年的秋天,一场热带风暴使河里现存的鲑鱼们绝路逢生。这场飓风被命名为"埃德娜",它以强大的威势一路向北,席卷了新英格兰和加拿大沿岸地区,带来滂沱大雨,雨水和淡水混杂在一起,冲进河流奔流入海,无数鲑鱼也裹挟在这样的浪潮里顺利洄游,在河底的沙地里产下了鲑鱼卵。次年春天,最新孵化而出的幼鱼就有了相当好的运气。尽管杀虫剂毒杀了水生昆虫,但是细微的摇蚊和黑蝇已经再次出现,鲑鱼幼鱼得以借此填饱肚子。这一批幼鲑不仅不必忧虑食物来源,也不必忧虑周围会出现夺食者,因为比它们稍大一些的小鲑鱼已经死于杀虫剂毒素。因此,它们在内河顺利长大,很早就前往海洋,四年之后它们洄游至米拉米奇河,继续着种族繁衍。

相对而言,生活在米拉米奇河西北流域的鱼类是幸运的,因为这里的农药喷撒时间相对较短。如果我们对比其他河段的鲑鱼数据,就将更直观地看到杀虫剂带来的恶果。

在喷撒农药的流域,几乎无法捕捉到任何年龄段的鲑鱼了。生物学家证明,就连最细小的幼鱼也没能逃脱厄运。在 1956 年和 1957 年连续两年的农药喷撒结束后,人们在 1959 年前往河流西南段捕捞鱼类,他们的收获是十年来最少的一次。据渔民们说,这是因为前往河床产卵的母鲑鱼急剧减少,繁衍量自然不能和往年相比。这一年出生的幼鲑是去年的 25%,而汇入大海的鲑鱼仅有 60 万条,和三年前相比,还不足 35%。

为了挽救新布伦瑞克省的鲑鱼产业,他们不得不想方设法寻找滴滴涕的替代物。

加拿大东部的情况并不特殊，其与其他地方的不同之处或许在于喷药面积广，因而能收集到许多事实证据。美国缅因州的云杉和香脂冷杉森林也受到了害虫的威胁，这里的鲑鱼数量大大降低，侥幸存活的鲑鱼都是相关学者从充斥着工业污染物、堵塞肮脏的河流里拼命抢救出来的。这里虽然也在使用杀虫剂对付蚜虫，但是危害情况并不严重，鲑鱼产卵的地带也没有受到波及。不过，缅因州内陆渔猎局观察到的特殊情况为人们敲响了警钟。

在他们提交的研究报告中，工作人员表示，他们在大戈达德河中发现了许多奄奄一息的亚口鱼。这些鱼所表现出来的症状无疑和滴滴涕农药有关：它们剧烈游动，跃出水面呼吸新鲜空气，不断地颤抖战栗。在刚结束喷药后的头五天里，渔民就在收上来的渔网里找到了 668 具死鱼尸体。米诺鱼和亚口鱼的尸体出现在小戈达德河、卡里河、阿尔德河和布雷克河，濒死的鱼失去视力，无法继续游动，只能毫无声息地顺水漂流。

滴滴涕致使鱼类失明的说法已经不再是新消息。1957 年，研究了温哥华岛北部杀虫剂使用状况的生物学家的一篇报告说，游动迅速、性情暴躁的鳟鱼可以轻易被人们徒手逮到，因为在喷撒杀虫剂以后，鳟鱼游速已经大大降低，对于人类的袭击也表现出麻木态度。在显微镜下，我们可以看到鳟鱼眼睛表面覆盖的白膜，这直接致使鳟鱼的失明。加拿大渔业部的实验报告表明，接触过低浓度（3/1000000）滴滴涕但没有死亡的鱼（银鲑），几乎都变得晶体混浊、失去视力。

当人们在森林附近喷撒杀虫药时，就必然会殃及在附近水域中生活着的鱼儿。1955 年，发生在美国黄石公园的鱼类死亡惨案就是因为杀虫剂而起。秋季的某一天，渔猎爱好者和公园管理人员震惊地发现，黄石河河水里出现了大批死鱼，包括褐鳟鱼、白鱼、亚口鱼等等，绵延近 150 公里的河流中都能找到这些死鱼的尸体。据统计，在一段不到三百米长的河水里共有六百多条死鱼。至于水域里更细微的生物——鳟鱼喜欢吃的水生昆虫，更是已经死得一干二净了。

负责喷撒农药的工作人员声称他们遵循了安全标准，而后来的事实证明，每英亩喷撒一磅滴滴涕的所谓安全标准完全经不起推敲。针对当前事件，蒙大拿渔猎局、林业局、鱼类与野生动物管理局的工作人员展开了合作研究。1956 年，蒙大拿州喷撒药剂的地区将近 40 万公顷，紧接着的下一年，他们又将另外约 32 万公顷的土地归于喷撒范围。因此，科学家们能轻而易举地找到适合开展研究的地区。

各地鱼类死亡的表现形式都是极其类似的：空气里尽是杀虫剂的刺鼻气味，肮脏水面漂着油污，死去的鳟鱼尸体遍地可见。科学家们分别检测了活鱼和死鱼，在它们体内皆发现了滴滴涕残留物。这里的情况与加拿大东部的情况比较相像，杀虫剂毒死了九成的水生昆虫，使河水中的鱼儿时时刻刻都在忍受饥饿的折磨。以鳟鱼为例，这种动物喜欢吃的昆虫有着很长的生长周期，在人们大面积喷撒杀虫剂后，须要花费很长时间才能再次长成。一年过去了，情况几乎没有好转。这条河流中以往生存着数不清的水生生物，而现在，鱼类仅存两成，水生昆虫也根本看不见了。

鱼未必会在第一时间直接死去。据统计，在一段时间后死亡的鱼类比即时暴毙的鱼类更多。蒙大拿州的生物学家指出，这些死亡正好发生在捕鱼季节后，因此绝大多数延后死亡的鱼类数目没有得到报告。生物学家们在周边河流里发现了褐鳟鱼、美洲红点鲑和白鲑鱼的尸体，这些鱼类全部都是在秋天繁衍产卵的。这一情况很容易解释，当生物处于繁衍期时须要从体内脂肪中摄取能量，这一点对于鱼和人都是相同的，而鱼类体内脂肪中积累的滴滴涕就成了刽子手。

　　根据这些实际情况，我们已经能够确认，每英亩一磅滴滴涕的喷撒量绝对不是所谓的安全剂量。许多地区的卷叶蛾没有得到有效控制，不得不多次喷撒药物，而河流里的鱼儿却惨遭不测。为了保护本地渔业，蒙大拿渔猎局强烈反对继续使用杀虫剂。他们提出，会联同美国林业局，寻找一种尽可能不造成危害的解决方案。

　　然而，两方部门的合作真的能够改善鱼类生存情况吗？加拿大英属哥伦比亚省的情况能够作为我们的借鉴。当地的黑头卷叶蛾危害严重，如果放任它们继续啃食树叶，将会有大批树木因此死亡。当地林业局在1957年决定喷撒杀虫剂。在此之前，他们和当地渔猎局多次商讨这一问题，为了兼顾杀虫和保护鲑鱼两项工作，林业局官员尽可能调整了他们的农药喷撒方案。

　　尽管两方部门都付出了很多心血，尽管他们在各方面都布置了预防措施，但是在杀虫药物喷撒结束后，依然有四条河流的鲑鱼因此而死。

　　在其中一条河中，四万条成年银鲑、数千条幼年硬头鳟和其他种类的鳟鱼几乎死亡殆尽。银鲑每隔三年洄游一次，每次洄游的鱼类几乎都是同一年龄的，它们只会回到它们出生的那条河，在这一点上和其他种类的鲑鱼相同。大批银鲑彻底死亡，意味着人们再也看不到三年一次的银鲑洄游了，相应的经济效益也将完全损失，除非人们组织人工养殖或采取其他方法。

　　难道就没有两全其美的方法，能够兼顾树木和鱼类吗？实际上，是有的。我们不能怀着沮丧绝望的心情，认定自己只能将河流变成坟墓，我们必须脱离这种失败主义的思想。我们应当尝试各种方法进行创新，推动资源整合，寻找新路径。根据调查研究，有一种天然的寄生性生物可以有效克制卷叶蛾，比农药喷撒的效果更好。与其使用毒性较小的杀虫剂，我们应当尽可能使用生物方法，针对卷叶蛾特性，利用致病的微生物，同时还须要注意，不要使整个森林生态受到影响。我们将会在后文详细介绍这种替代方法，最重要的是，我们必须意识到，喷撒农药绝不是防控害虫的唯一方法，更不是最优方法。

杀虫剂给鱼类造成的威胁可以分为三方面：其一，针对某一地域的重度滴滴涕用药，初衷是保护树木，最终却造成当地河流中鱼类的死亡；其二，使用大量易传播、易蔓延的杀虫药物，造成了美国各地水域中的悲剧，鲈鱼、太阳鱼、翻车鱼、亚口鱼都因此而死；其三，各地农用杀虫药（异狄氏剂、毒杀芬、狄氏剂、七氯）都会对鱼类造成致命伤害。此外，我们还须要考虑到未来的情况，须要考虑盐沼、海湾和入海口的鱼类生存环境。

当人们使用了新型有机杀虫剂之后，药物必然会对鱼类造成损害，药剂中的主要成分氯化烃更是一种致命毒素。数百万吨毒药被撒向大地之后，毒素将会渗入土壤，渗入地下水，最终长时间存在于陆地和海洋之中。

由于鱼类大量死亡事件频频出现，美国公共卫生署专门成立了办事处来处理此事。他们收集各地的鱼类死亡报告，用以评估水污染的严重程度。

这是一个影响到许多人的问题。将近 2500 万美国人将钓鱼当作主要的休闲活动，另外的 1500 万人也会不时开展钓鱼活动以作消遣。他们须要办理钓鱼执照，不断采买钓具、船只、汽油和野营须要用到的诸多设备，每年的经济消费达到 30 亿美元。如果鱼类大批量死亡，钓鱼相关的产业都会受到巨大经济影响。商业性渔猎不仅仅是人们的娱乐活动，更是人们必要的食物来源。每年，内陆和沿海的渔业会捕捞超过 130 万吨的鱼类，而深海捕鱼还没有计算在内。当杀虫剂蔓延到湖泊、池塘、河流和大海以后，所有的相关产业都会受到威胁。

农药对鱼类的伤害能在各地找到实例。加州人为了治理水稻潜叶蝇，不惜喷撒大剂量狄氏剂，最终害死了六万多条垂钓鱼（以蓝鳃太阳鱼为主）。1960 年，路易斯安那州的果农为自家的甘蔗喷撒异狄氏剂，却引发了三十多起鱼类死亡的严重事件。宾夕法尼亚州的果农使用异狄氏剂原本是为了对付老鼠，却杀死了大批鱼儿。西部高原的蝗虫成灾，人们喷撒氯丹防虫，最终依然殃及鱼类。

但是这些与美国南方的火蚁防控计划比较起来，全都不算什么了。火蚁防控计划的覆盖面包含数百万公顷土地，使用的农药主要是七氯。与滴滴涕相比，七氯对于鱼类的伤害程度较轻。狄氏剂也是火蚁的致命杀手，会对水生生物造成可怕的威胁，而能够给所有鱼类带来灭顶之灾的莫过于异狄氏剂和毒杀芬。

无论当地人选择使用哪一种农药防控火蚁，他们对水生生物所造成的伤害都是不可磨灭的。各地生物学家都对此作出了翔实报告。我们可以看到，得克萨斯州方面的情况如下："即使我们尽可能避开河道，但水中生物死亡数量依然惊人"，"三星期以来，鱼类的死亡频率始终未能减缓"。在亚拉巴马州，生物学家观察到："用药结束几天后，威尔考克斯郡的成年鱼类大量死亡"，"季节性水域和支流中，几乎没有幸存的鱼类"。

路易斯安那州的农民纷纷抱怨农场鱼池蒙受了巨大损失。在当地运河中不足五百米的一段河段里，人们可以看到五百多条死鱼肚皮朝上，漂浮于河面或者躺在岸边。在另一地区，死亡太阳鱼和尚存活的太阳鱼的比例达到了 150：4。另外还有五种鱼，人们再也无法在当地看到它们的影子了。

在佛罗里达州的农药喷撒区，工作人员检测了太阳鱼、鲈鱼等池塘养殖鱼类，发现它们的体内含有七氯残留物和环氧七氯。这些鱼类都是垂钓者钟爱的种群，很常被捕捞食用。但是，据美国食品药品监督管理局提醒，人们一旦吸收了鱼类体内含有的化学毒素，即使剂量极小，也会造成生命危险。

不只是鱼类，青蛙和其他水生生物也在不断因为农药中毒而死去。基于这个原因，在1958年，美国鱼类学家和爬虫学家协会提出了一项郑重呼吁，要求相关部门停止在空中喷撒各种有毒农药，包括七氯、异狄氏剂等等，否则将会对当地鱼类、爬行动物和两栖动物造成无法挽回的危害。这些值得尊敬的学者呼吁大家对美国东南部的鱼类和各种动物提高关注程度，那里的很多生物是独属于美国的物种。该协会提醒人们："不要破坏动物原有的生存环境，因为很多动物仅仅分布在有限区域，肆意破坏很容易导致物种灭绝。"

为了防止棉花上附着的害虫，南方各州开始使用杀虫剂，当地鱼类无疑也遭受了毁灭性打击。那是1950年的夏天，亚拉巴马州南部的棉花产业受到了棉铃象甲的剧烈破坏，人们不得不改变原先控制使用有机杀虫剂的策略，八成以上的农民开始使用毒性极强的毒杀芬来消灭棉铃象甲。

夏天多雨，雨水将田地里的农药冲进了河流，因此很多农民决定重复喷药。放眼看去，每英亩土地喷撒的毒杀芬在六十磅以上，甚至有人喷撒二百磅。最严重的情况下，一英亩土地喷撒了五百多磅的毒杀芬。

后果是人们可以猜测到的。弗林特河发生的惨剧就和喷撒大量农药密切相关，这条注入惠勒水库的河流有超过80公里的河段都在棉花种植区。8月1日，大雨倾盆，雨水汇成的涓流逐渐壮大成小河，冲进弗林特河，使这条河的水位上涨了不少。我们可以确信，河水中必然夹杂了来自棉花田的农药毒素。水中的鱼儿不断打着转儿，有些鱼会猛地跃上河岸，由经过的农民将它们放进泉水蓄水池中，这几条幸运的鱼儿在干净的水域里重获新生。然而，弗林特河里的大多数鱼儿都只能迎来死亡。这样的情况不止出现了一次，后来的每场雨都会将田里的农药冲进水中，死鱼频频出现。8月10日的一场大雨几乎使这条河里的鱼类全部死去，五天后再度下雨时，人们已经很难在河里发现死鱼尸体了。假如将人工养殖的金鱼放入河水中，金鱼不到一天就会暴毙，这就充分证明了水中毒性之强。

在弗林特河的鱼类之中，白刺盖太阳鱼的死亡是最令垂钓者感到痛心的。沿着河水流向，我们还能在惠勒水库中发现大量鲈鱼和太阳鱼的尸体，其他品种的鱼类也纷纷死亡，包括鲤鱼、水牛鱼、石首鱼、美洲真鲦和鲇鱼等。工作人员没有看出它们生病的预兆，只发现它们的鱼鳃转成深红色，爆发癫狂行为，随后很快死去。

农场水域附近温度较高，环境封闭，一旦农民们对农田施用杀虫剂，附近的鱼类就很难活下来。正如我们先前所说，雨水和地表小溪、地下水会将农田里的毒素输送进河流里，有时负责喷药的飞机不会在路过河流时关闭喷撒器，那么河水中也会撒满化学物质。即使没有这些特殊情况，普通的农药施用程度已经足以毒死鱼儿。一般来说，施用农药的危险线应当设立在每英亩0.1磅农药，目前所使用的农药大大超过了这一数字。当化学毒素进入水源，人们很难将其彻底清除。为了除灭不需要的银光小鱼，渔民向水中喷撒了滴滴涕，后果却颇为棘手。即使多次换水，也依然能够从池塘里检测到毒性，新换的太阳鱼一批一批地死去。人们猜测，化学毒素很可能融进了水底淤泥里。

相比刚刚开发新型杀虫剂时，我们的现状并没有丝毫进步。俄克拉荷马州的野生动物保护局表示，他们时常收到农场和湖泊鱼类死亡的消息，在1961年，这一频率达到了每周一次，而且显然呈现上升态势。由于事情已经发生过多次，人们很容易猜测到事情经过：农民在农田中施用杀虫剂，雨水将有毒物质冲进鱼塘，鱼类因此而死。

　　对渔业发达的地区而言，人工养殖的鱼类是他们重要的食物来源。如果没有慎重考虑鱼类对杀虫剂的耐受程度就贸然喷撒农药，必然会使局面不可收拾。在罗得西亚（津巴布韦旧称），卡菲鱼生长的淡水环境极容易繁衍蚊虫。为了灭杀蚊子，当地人使用了0.04/1000000的小剂量滴滴涕农药，但这一措施依然致使卡菲鱼幼鱼大面积死亡，使中非地区的人们失去了重要的食物资源。

　　在菲律宾、中国、越南、泰国、印尼和印度等养殖虱目鱼的地方，有着同样的困扰。这些国家的人们在靠近海岸的浅水区捕捞到来历不明的虱目鱼鱼苗，将它们放置在水库里养殖繁衍。在东南亚和印度地区，当地人以水稻作为主食，须要食用虱目鱼来补充动物蛋白。在太平洋科学大会上，相关部门提议，国际社会应该重视虱目鱼的繁衍，提高人工养殖水平。然而，目前的虱目鱼养殖工作已经受到了杀虫剂的威胁。菲律宾人为了防虫灭蚊，使用飞机大面积喷撒农药，即使养殖户百般设法干预也无济于事。飞机飞过养殖虱目鱼的水域上方，杀死了超过六万条虱目鱼，使养殖户蒙受了巨大的经济损失。

　　1961年的科罗拉多河上，一桩骇人听闻的鱼类死亡事件发生了，震惊了得克萨斯州奥斯汀市的所有当地人。1月15日星期天的一早，有人首次在新城湖和湖水下游发现了漂浮着的死鱼。次日，科罗拉多河段下游也出现了死鱼。很明显，是有某种毒素正在沿着水流方向不断传播。到了1月21日，毒素已经扩散到了科罗拉多河下游约160公里的拉格兰奇附近。1月27日，奥斯汀向南约320公里的河段中的鱼类全部被卷入了这场风波。1月月末，人们不得不封锁了所有的航道，避免毒素沿着河水污染马塔戈达湾，并且将有毒的河水引流至墨西哥湾进行处理。

　　氯丹和毒杀芬的浓烈味道弥漫在空气中，所有的调查人员都能清晰闻到，他们循着这种味道找到了奥斯汀市的一条雨水管道。据当地人说，曾经有化工工厂在这里排放过工业垃圾。得克萨斯州渔猎委员会派遣工作人员顺着管道继续调查，根据附近的六氯化苯味道，他们最终锁定了一家生产滴滴涕、六氯化苯、氯丹和毒杀芬的杀虫剂工厂。经过调查，这家工厂所生产的化学药物残留物的确被雨水冲进了排水管道。更加令人不敢相信的是，负责人承认，这样的情况已经出现了十年左右。

在详细追查过后，调查人员意识到，其他化工工厂的排水管道中必然也存在类似的情况。他们发现了鱼类死亡谜团的最后一块拼图，那就是暴雨排水管道的冲洗工作。为了清理雨水管道中的淤泥和垃圾，人们使用数千万升的水进行高压冲洗。管道垃圾中残留的化学物质被水流裹挟着冲进河流和湖泊，短短几天后，就导致附近水域中鱼类的大量死亡。

当化学毒素融入科罗拉多河之后，死亡的阴影也就覆盖了这片水域。湖泊下游225公里内毫无生气，即使人们使用捕捞网，也捞不到一条活鱼。根据统计点数，在约1.6公里长的河岸边，共发现了27种鱼类死亡，重量相加超过了450公斤，其中有该河流主要的垂钓品种斑点叉尾鮰鱼，有蓝鲶鱼、扁头鮰鱼、大头鱼、四种太阳鱼、银鱼、鲦鱼、曲口鱼、大嘴鲈鱼、鲤鱼、胭脂鱼、亚口鱼，还有鳗鱼、雀鳝、鲤形亚口鱼、美洲真鲹。部分鱼类的个头相当庞大，一看就知道已经在科罗拉多河中生活了很多年。根据记录，人们在此次意外事件中发现了超过10公斤和超过25公斤的扁头鮰鱼，还有一条近40公斤的巨大蓝鲶鱼。

渔猎委员会认为，就算污染情况没有加剧，科罗拉多河的生态环境也需要许多年才能完全恢复。一些仅在当地才有的鱼类也许会彻底灭绝，其他鱼类也须要人工养殖进行恢复。

我们已经查明了科罗拉多河惨案的真相，但是，这件事情真的已经结束了吗？在河水流淌超过300公里以后，水中残余的化学物质仍然没能被稀释消解，依然保留着杀死鱼类的毒性，这就使人们不寒而栗了。如果毒素蔓延到了马塔戈达湾该怎么办？那里的牡蛎和虾类也将面临绝境。即使人们已经将毒河水引至墨西哥湾，又该如何处理这些河水呢？以后又将如何呢？

目前，我们还没有办法肯定地回答这一问题。幸运的是，杀虫剂带来的危害已经日渐受到人们的重视，河口、盐沼、海湾和其他沿海区域的水质会受到反复检查，以免有毒的水流和化学物质继续污染水域。

有关这些区域的水质情况，我们可以从佛罗里达东部的印第安河地区看到最直观的例子。1955 年的春天，该地区的圣露西县在附近盐沼地喷撒每英亩 1 磅的狄氏剂，农药蔓延面积超过 800 公顷，目的是为了防治沙蝇。这使当地水生生物遭受了毁灭性打击。据佛罗里达卫生委员会昆虫研究中心的报告显示，当地鱼类死亡殆尽，胭脂鱼、锯盖鱼、银鲈、食蚊鱼等死鱼的尸体遍地可见。从空中俯瞰下去，鲨鱼正在这片水域缓慢聚集，试图将这些死鱼作为大餐。

"除了印第安河岸以外，沼泽地区的死亡鱼类起码达到了 117.5 万条，共计二三十吨，死亡的种类达到了三十多种。"该小组的调查人员哈灵顿和比德林梅尔报告。

软体动物从狄氏剂的屠杀中侥幸存活，甲壳类动物则没有这样的运气。所有的水生螃蟹几乎都死去了，招潮蟹的损伤尤其严重，仅剩少量招潮蟹暂时苟活在一小片忘记喷药的沼泽里。

首先死去的是供食用和捕捞的大鱼，螃蟹啃食了这些死鱼的鱼肉，于是毒素也蔓延到了螃蟹体内，在螃蟹死后，水生螺又如法炮制……两周以后，死鱼的残骸也被吃得一干二净。

赫伯特·米尔斯博士生前曾经前往佛罗里达州的坦帕湾进行生物观察，他观察到的情况同样如此。奥杜邦协会在这里管理着一个海岛保护区并将威士忌斯坦基岛圈入其中。而荒唐的是，卫生部门的工作人员为了灭除盐沼蚊，在这里大肆喷撒农药，保护区变成了一个糟糕的避难所，鱼类和螃蟹再度被农药所毒死。

招潮蟹外壳斑斓，体形偏小，它们成群结队地爬过泥沙地面时就如同吃草的牛群一样。这些小东西根本无力抵抗药剂，经过夏秋季持续性的喷撒之后，它们的情况就像米尔斯博士概括的那样："目前招潮蟹的数量正在减少，在 10 月 12 日的气候和潮水条件下本应出现约十万只招潮蟹，但海滩上出现的仅有不足一百只，而且它们的状况并不好，很多都呈濒死或病态，颤抖、抽搐着，失去了爬行的基本能力；而与之形成对比的是，附近的未喷药地区仍有大量招潮蟹出没。"

招潮蟹在它们所处的生态系统中绝对有存在的必要，且难以被替代。它们是浣熊以及长嘴秧鸡、滨鸟等沼泽鸟类和海鸟的食物，可以说是众多生物的食物来源。但在新泽西一个喷过滴滴涕的盐沼，笑鸥数量在几周内减少了 85%，这很有可能是因为它们无法在喷药地区找到充足的食物。而除此之外，招潮蟹也是重要的食腐动物，它们到处挖掘的行为能让沼泽中的泥土与空气充分接触。

在潮沼与河口地带，招潮蟹并不是唯一一种受到杀虫剂威胁的动物，也有其他动物在面对着危机，而且它们对人类的作用显然更为让人重视，例如蓝蟹。蓝蟹生活在切萨皮克湾和大西洋沿岸一带，它们对杀虫剂极为敏感，所以每一次喷药都会导致溪流、水沟、池塘里的大部分蓝蟹死去。惊人的是，除了喷药区域以外，那些从其他海域中迁移来的蟹也会死于中毒。这是因为中毒有时候是间接引起的，当蟹吃了中毒濒死的鱼类之后，自己也会中毒而死。人们尚不太清楚杀虫剂对于龙虾的影响，但因为它们与蓝蟹是同一类节肢动物，本质上有着相同生理特征，所以很可能会遭受相同的危害。除了龙虾以外，石蟹和其他可作为人类食物、具备高经济价值的甲壳类动物，也面临着相同的情况。

　　包括海湾、海峡、河口和潮沼在内的近岸水域本身就是一个非常重要的生态环境，这些水域与各种各样的鱼类、软体动物和甲壳类动物的生存息息相关。一旦水体受到影响，不再宜居，这些动物将不再是我们餐桌上的美食。

　　就连那些生活在海洋中的鱼类，也有一些是须要仰赖近岸水域产卵和养育幼鱼的。在佛罗里达西海岸，那些满是红树林的河流中有丰富的海鲢幼鱼；在大西洋沿岸，海鳟鱼、白花鱼和石首鱼会在海湾底下的浅滩上产卵。幼鱼们被孵化后随着潮水穿过海湾，在海湾丰富的食物喂养下茁壮成长。然而，我们却容忍杀虫剂通过河流或海边的潮沼流入这些区域，先不说幼鱼们失去了这些温暖而营养丰富的养育场后该如何生存，它们本身就比成年鱼类更加难以抵抗毒素。

　　虾也是一样。它们在幼年时也生活在近海水域，分布区域广泛、数量众多的虾是大西洋南部和墨西哥湾一带渔业的重要商品。虾会在海中产卵，但小虾出生几周后就会游到河口和海湾区域蜕皮、成长。夏秋季节，它们会一直待在那儿休养生息，在此期间，无论是虾的生存还是捕虾行业的生存，都必须仰赖河口的环境条件。

　　杀虫剂是否会影响到捕虾行业和虾的市场供应量？我们可以在商业渔业局的实验结果里看到答案。那些食用虾刚刚脱离幼年期时，对杀虫剂的抵抗力近似于零。例如，在一次实验中使用了浓度为 15/1000000000 的狄氏剂，就有半数左右的虾子死亡。而如果使用的是毒性最强的杀虫剂——异狄氏剂的话，只需要 5/10000000000 就能达到这个死亡数量。

　　杀虫剂对于幼年牡蛎和蛤蜊的影响更是有过之而无不及。这些软体动物生活在新英格兰地区到得克萨斯的海湾和海峡，以及太平洋沿岸。虽然它们成年后就不会再迁徙，却还是会在海洋里产卵。

如果在一个夏日里在海中撒下渔网，会捕捞到无数小巧而柔弱的幼体牡蛎和蛤蜊，一并捞起的还会有许多浮游生物。透明的幼贝甚至没有一颗灰尘大，它们在海水中游动，以海洋中微小的浮游植物为食。也就是说，如果浮游植物消失了，这些幼年贝类就会因找不到食物而饿死。而杀虫剂正好可以大批大批地杀死浮游植物。无论是施用在草地、耕地还是马路边的杀虫剂，只要沾上一点点，对浮游植物都是致死的。

那些成年的软体动物可能不太容易直接中毒，至少对于一些杀虫剂来说是这样，但并不意味着完全没有危险。接触到的毒素会在牡蛎和蛤蜊的消化器官和其他组织不断累积，而人们囫囵吞下这些贝类时，就像吃了蚯蚓的知更鸟一样。商业渔业局的菲力普·巴特勒博士提醒我们，知更鸟并非直接死于喷撒滴滴涕，而是由于吃了体内含有杀虫剂的蚯蚓。

虽然昆虫的防治计划直接造成了令人惊恐的鱼类和甲壳类动物大量死亡，但是杀虫剂随河流进入河口后，造成的影响看不见也摸不着，才是真正难以估量的大灾难。这整件事仍然处在重重迷雾中，我们还找不到一个令人满意的答案。虽然我们知道，农田和森林径流正携带着杀虫剂流向许多甚至每一条河流进入海洋。但是，我们不知道究竟有多少种化合物、有多少剂量的杀虫剂参与其中。一旦毒素流入大海，我们现在仍然找不到一个可靠的检测方法在完全稀释的水体中确认毒素种类。化学品在漫长的转移过程中一定发生了某种变化，这是我们可以肯定的；但我们不知道的是，究竟发生了什么样的变化。另一个我们无法掌控的领域是化合物之间的反应。当它们进入了神秘的大海，会有太多不同的无机物与之混合转化，所以解答这一问题变得尤为十万火急。每一个问题都急需一个准确的答案，如果不进行广泛的研究，我们是找不出正确答案的，然而可用的研究经费却少得可怜。

　　有许多人的福祉都来源于淡水渔业与海洋渔业。毋庸置疑，进入水体中的化合物严重地影响到了这些资源的顺利发展，如果能将研究毒性药剂的资金提出一小部分用作建设性研究，就能让人类使用危险系数更低的材料，或者找到去除水中毒素的方法。还要花多长时间，公众才能意识到这一点，并要求相关部门采取这样的行动呢？

第十章 天降灾难

　　一开始，人们在田地和树林上方喷撒的药物受到了严格限制，但是随着时间推移，用药剂量和喷撒面积都在被一步步扩大，英国生物学家将这种喷撒的药物称为"死神降雨"。不知不觉间，我们在使用毒药时已经没有原先那么小心了。要知道，这些化学药物的药瓶上曾经都标有骷髅头的警示图案，以此提醒人们在使用这种药物时必须慎而又慎。但是，在二战结束后，飞机过剩，化学品的研究程度突飞猛进，不少新型杀虫剂开始投入使用，原先的规则全部受到了破坏。相比以前，如今的杀虫剂有着更强的危害性，可喷撒的面积却更广了。天空飘散下来的毒素落在森林、田地、乡镇和城市，不但灭除了人们不喜欢的昆虫与植物，还将毒手伸向了人类和所有的动物。

　　在20世纪50年代末的两场农药危害事件之后，已经有许多人提出须要改变喷药措施，数百万公顷的喷撒面积实在太大了。这两场农药喷撒活动的针对对象是南部的火蚁和东北部的舞毒蛾，它们都是外来的昆虫，但多年过去，已经适应了美国的气候环境，没有给当地人带来极端伤害，原本无须赶尽杀绝。但是，在农业部昆虫防治部门所提倡的"不顾一切达到目的"思想下，轰轰烈烈的杀虫活动展开了。

　　舞毒蛾灭杀计划证明，如果不顾后果，以肆意喷药取代有节奏有限制的防治活动，是完全错误的，会造成极为广泛的破坏性影响。火蚁灭杀计划表明，人们过分吹捧自己灭杀害虫的初衷，根本没有对当地生态环境进行细致了解，就鲁莽地决定使用大剂量农药。这两次活动都带来了惨痛的结果。

舞毒蛾这种生物最早出现于欧洲，进入美国已经有百年左右了。1869 年，马萨诸塞州梅德福市的科学家利奥波德·特罗威特潜心于杂交舞毒蛾和蚕的工作，由于一时疏忽，他不小心放走了几只用于实验的舞毒蛾，这种生物因此在新英格兰快速繁衍。有两种条件催化了它们的扩散速度：首先，舞毒蛾幼虫重量很轻，容易凭借风势飞向很远的地方；其次，舞毒蛾的虫卵可以附着在植物表面，当植物被移动时，舞毒蛾幼虫也就能够随之扩散。到了春天，孵化而出的舞毒蛾就会大肆啃食橡树或其他树木的叶子，使当地人不胜其扰。现在，不但新英格兰生存着大批舞毒蛾，就连新泽西地区也出现了这种生物，人们猜测，虫卵是附着在荷兰云杉树表面被运入境内的。可是舞毒蛾又是怎样进入密歇根州的？相关学者尚无定论。1938 年，一场飓风将新英格兰的舞毒蛾吹往宾夕法尼亚州和纽约州，所幸没有继续扩散，因为阿迪朗达克山脉伫立在西方，舞毒蛾对那里的树木不感兴趣。

人们想方设法限制舞毒蛾的生存环境，原本我们担心这种生物会对阿巴拉契亚山脉南部的硬木林形成破坏，如今看来，这样的担忧是不必要的。人们特意在新英格兰地区引进了十几种外来昆虫。农业部相关学者表示，这样的生物方法对于舞毒蛾问题形成了有效克制。除此以外，人们在新英格兰地区局部喷撒少量杀虫药剂，严格检测疫病，成功控制了舞毒蛾的泛滥问题，农业部在 1955 年给予肯定。

好景不长，短短一年以后，农业部植物虫害防治部门就改变了他们的态度。他们决定开展一项灭绝舞毒蛾的杀虫计划，在几百万公顷土地上喷撒农药。相关人员声称，他们能够彻底灭绝这种生物。该计划在一段时间内反复进行，可见他们的灭绝并无多少成效。

农业部对舞毒蛾展开了轰轰烈烈的化学攻势。1956 年，灭除舞毒蛾计划中要求人们对宾夕法尼亚州、新泽西州、密歇根州和纽约州的大量土地喷撒农药，喷药面积超过 40 万公顷，不少当地人的生活状况受到影响，从事环保工作的人们也充分表达了担忧情绪。次年，喷撒农药的面积更是超过了 120 万公顷，民众哗然，当地农业局官员却并不理睬人们的反对声音。

1957 年，农业部要求长岛范围内的土地也必须喷撒药物，使得长岛居民的抗议更盛。长岛附近多有城镇郊区，通向海岸线，人口流通量极高，纳苏郡更是当地仅次于纽约的繁华地区。按理来说，舞毒蛾这种生活在森林里的昆虫完全不会在城镇、田地、花圃或沼泽里生存。但是人们的抗议无效，美国农业部和纽约方面共同派遣的飞机仍然满载着滴滴涕农药驶向了城市上空。药物被撒向人们种植的蔬菜、豢养的奶牛、经营的人工养殖鱼塘以及附近的盐沼地，一些忙于保护作物的人们不慎吸入了药粉，户外玩耍的孩子和通勤路上的上班族更是被迫直接面对空中飘撒下来的药物。希托基特就发生了这样的事件，由于飞机喷撒的农药药粉落进了马匹水槽里，一匹精壮的夸特马在一天后就暴毙了。汽车、花木、周围生活着的鸟儿、鱼儿和各种有益的动物，基本都没有逃脱杀虫剂投下的阴影。

著名鸟类学家罗伯特·库什曼·墨菲向法院提出抗议，与他一起前往法院的还有许多当地人，他们要求立即停止农药喷撒。这一申诉遭到了驳回，法院判定该活动已经开展，无法停止。长岛市民依然被迫忍受滴滴涕的折磨，他们一次又一次不断上诉，不断申请颁布农药禁令。法院与民众之间开始了漫长的拉锯战，长岛市民上诉至最高法院，但是依然遭到了拒绝。法官威廉·道格拉斯对此相当不满，他说，目前有关滴滴涕的研究成果，足以证明喷撒农药计划对长岛市民造成的巨大危害。

好在这件事情最终使长岛市民的要求被公众所知，人们不仅进一步了解了杀虫剂对我们的生活造成的损害，还发现了当地昆虫防治部门的不称职举动。

对当地人来说，他们万万没有想到消灭舞毒蛾的行动会使他们的农产品和牛奶遭到毒素污染。在纽约州韦斯切斯特郡北部，沃勒夫人的农场有超过 80 公顷的土地面积，她曾向农业部官员提出拒绝农场喷药，并提议检查舞毒蛾、定点处理。农业部官员向她承诺，他们会保护她的个人财产安全，然而他们并未遵守这一承诺。沃勒夫人的农场最终被直接喷撒了两次农药，更不用说在大面积喷撒森林时，空气中的药物必然会随着风势落进农场中。两天之后，农场奶牛的牛奶里检测出了 14/1000000 的农药含量，饲养牲畜的草料中也检测出了化学毒素。即使卫生部门听说了这件事，却并没有要求停止出售牛奶，这就给消费者埋下了巨大隐患。退一步说，即使他们颁布了这项禁令，这项禁令也仅限于州际交易，在州与郡内部，人们的交易市场根本不受联邦管辖，交易后果也是不可预测的。

当地蔬菜种植农所受到的损失也是难以估量的。空中喷撒农药之后，菜叶受到腐蚀，布满了斑驳的窟窿，部分蔬菜积存了大量滴滴涕毒素，彻底无法上市了。根据康奈尔大学农业实验室的研究，他们在受到农药喷撒的豌豆里检测到了 14/1000000~22/1000000 的滴滴涕农药，远超法律规定的 7/1000000 的含量底线。当地菜农要么违着良心贩卖有毒蔬菜，要么自己掏腰包承担损失，真正得到政府赔偿的农民是有限的。

随着滴滴涕农药喷撒量不断加大，法院接到了越来越多的类似诉讼，其中一位提起诉讼的受害者以养蜂为生，生活在纽约州。早在这次广泛喷撒农药的事件之前，他的蜜蜂养殖场就受到过来自滴滴涕农药的影响。"在 1953 年之前，我一直坚决拥护美国农业部所下发的每一条指令。"然而就在这一年的 5 月，州政府喷撒农药的错误举措使他失去了 800 多个蜂群。那一次药物喷撒在各个方面都引发了巨大问题，15 名养蜂人联名提起诉讼，要求州政府赔偿他们的蜂群损失。1957年，另一位养蜂人提起诉讼称，由于此次广泛喷药的活动，他所养殖的一整片林区的工蜂全部死亡，即使在喷药剂量较少的地区，死去的工蜂也达到了半数以上，他损失了整整400群蜜蜂，如今走进院子里，却再也听不到熟悉的蜜蜂鸣叫声了。

舞毒蛾喷药计划呈现出各个方面的问题。用于喷药的飞机并不以实际喷撒面积来计算工作量，反而以喷撒药物的剂量来决定他们的酬金，因此飞行员尽可能喷撒大量药剂，农药喷撒的重复量相当高。在这多起诉讼案件中，负责喷药的公司属于州外公司，他们没有在当地州政府办理注册手续，也就逃脱了法律责任。当果农和养蜂人受到巨大的经济损失后，他们甚至不知道该找谁控诉。

经过这场重大事件之后，农业部开展的喷药活动总算开始收敛，相关官员含糊其辞，表示须要重新评测他们之前的工作，并且将会研制更合适的杀虫药物。1957年，当地喷撒农药的区域面积总计超过140万公顷，次年，这一数目下降了约120万公顷，随后逐年降低，1961年降低至约4万公顷。长岛人民的抗争无疑得到了应有的回报，使昆虫防止部门不断作出让步。农业部在农药喷撒计划上投入了大量成本，最后不仅没有消灭舞毒蛾，还失去了人们的信任，可说是得不偿失。

而现在，农业部的工作人员已经将舞毒蛾防治抛诸脑后，他们着手在南部地区开展另一项雄心勃勃的计划。"灭绝"一词再度出现，而他们此次工作针对的灭绝对象是火蚁。

火蚁通体火红，当它叮咬人类时，被叮咬的部位会有火辣辣的刺痛感。火蚁的出生地在南美洲，辗转经过亚拉巴马州莫比尔港，最终来到美国境内。一战之后，莫比尔市的人们在当地发现火蚁入侵，很快，南部各地的人们也发现了这种生物。

在过去的四十多年里，人们并没有注意到火蚁这种生物。即使在火蚁泛滥的几个州，人们厌恶火蚁的原因也仅仅是它们的巢堆会高于 30 厘米，很容易对农业机械造成障碍。明确将火蚁列入害虫名单的只有两个州，即使是在这两个州，火蚁也是危害较轻的害虫。无论是政府部门还是当地民众，人们都不觉得火蚁会对生活造成什么影响。然而，随着具有剧烈毒性的杀虫剂投入市场，政府部门忽然开始大力宣传火蚁的危害性。1957 年，公文、宣传片、新闻媒体、电影等各个渠道都开始声讨火蚁，他们尽可能渲染火蚁对南方鸟类、动物和当地农民造成的危害，联邦政府联合受害的各个州政府，正式向九个州的火蚁宣战，战场超过了 800 万公顷。这是农业部至今最广为人知的一次宣传活动。

1958 年，灭绝火蚁的工作轰轰烈烈地开始了。当地的商业杂志热切地写道："随着农业部门开展的防治害虫计划不断推进，美国杀虫剂市场即将迎来黄金时期。"

除了在这段黄金时期中获益的杀虫剂经销商以外，所有的人都在痛骂这场害虫防治计划。这项活动的前期规划完全站不住脚，执行过程中频频出现漏洞，给当地生态环境带来不可挽回的恶劣影响，耗费大量经济成本，使无数动植物惨死，还使美国农业部门失去公信力。在这样的情况下，竟然还在不断投资推进，实在令人无法理解。

一些听起来匪夷所思的说法，却得到了政府部门的大力推广。这些人声称火蚁会啃食田地里的农作物，会伤害地面鸟巢里的幼鸟，会叮咬人类，会严重破坏南方的农业经济。

这些说法究竟有没有道理？农业部为获得拨款而作出的证言与其核心宣传资料中的相关内容并不一致。农业部在 1957 年发布的公报《保护牲畜庄稼，推广杀虫剂》中没有一个字写到火蚁的危害，如果深究起来，这无疑是农业部的重大"工作疏漏"。除此以外，农业部在 1952 年出版的权威昆虫百科读物里，纵览五十万字的昆虫知识，仅有一小部分和火蚁有关系。

农业部声称火蚁会对庄稼和牲畜造成破坏，这也是无稽之谈。亚拉巴马州农业中心的工作人员进行了细致研究，提出了完全相反的研究报告。他们认为，火蚁几乎不会破坏植物。任职于亚拉巴马理工学院的艾伦特博士表示，他们学院五年来从未发现火蚁会啃食植物，目前，也没有火蚁危害动物的相关事例。进行实地考察的研究人员说，火蚁以有害的昆虫作为捕食对象，危害棉花的棉铃象甲就是它们的食物之一。火蚁在地面筑巢时，也能够帮助松土排水，从这一层面来说，火蚁是对人类有益的昆虫。密西西比州立大学的学者也赞同他们的看法。这一观点远比农业部工作人员的说法更有说服力，后者仅仅是听信了当地农民的说辞（部分农民甚至搞不清不同蚂蚁的区别）和旧日的研究报告。专业学者提出，火蚁的生活方式会根据族群数量变化而变化，因此不能完全相信几十年前的研究结果。

很明显，火蚁危害人类的故事也是编造的。农业部曾经为一部火蚁相关的电影提供经济支持，电影里有许多针对火蚁尖刺的特写镜头。毋庸置疑，这部电影是为了火蚁防治计划而拍摄的。实际上，正像被蜜蜂蜇到会让人们疼痛难忍一样，我们也应该尽可能避免被火蚁刺到。医学著作中记载着一个可能火蚁叮咬致死的案例，但是并没有足够的证据来支撑，况且这在很大程度上是由受害者本身的体质所决定的。与此相比，仅在1959年，人口统计局就整理出了33起蜜蜂叮咬致死的案例，但蜜蜂从未被卷入防治害虫的"灭绝"计划之中。

我们必须重视亚拉巴马州当地人给出的证据。火蚁在这里的生存历史已经超过了四十年，数量庞大，但是当地卫生官员并不认为火蚁会威胁到人们的生命安全，仅有的火蚁叮咬致病案例都是偶然事件。部分孩子在草坪和操场上玩耍时，会无意碰到火蚁蚁巢受到叮咬，但这并不是农业部要求向数百万公顷土地喷洒大剂量杀虫剂的理由，只须要定点处理某些火蚁巢穴就足够了。

谈到火蚁危害鸟类，也是对火蚁的栽赃陷害。莫里斯·贝克博士（奥本市野生动物研究中心主任）在当地有着多年的鸟类研究经验，据他所说，亚拉巴马州南部和佛罗里达州西北部都生活着许多鸟类，观察证明美洲鹑完全能够和火蚁和谐相处。而数据显示，亚拉巴马州的鸟类数量始终在升高，这就证明火蚁对鸟类的危害完全是子虚乌有的。

这些针对火蚁的杀虫药物会给当地生态带来怎样的破坏呢？要知道，此次灭虫活动中用到的狄氏剂和七氯都是毒性猛烈的新型杀虫剂，以前从来没有在野外大面积投放过。这样的药物是否会给野生动物造成伤害？没有人能给出确切答案。我们能够确定的是，这两种药物的毒性都比滴滴涕强得多，而每英亩一磅的滴滴涕杀虫剂在之前的十年间已经直接导致无数鸟儿和鱼儿惨遭不测。一旦毒性提高，剂量提高（狄氏剂和七氯的使用量是滴滴涕的两倍，如果想要杀灭白缘象甲，则须要将这一数字提升三倍），它们对野生动物的破坏性也会急剧提高。对于鸟儿来说，七氯的破坏性是滴滴涕的20倍，狄氏剂的破坏性是滴滴涕的120倍！

提出抗议的人群不只当地市民，如今还包括各州的环保部门、国家环保机构、从事生态研究和昆虫研究的学者。他们联合向农业部长艾兹拉·本森上书，要求农业部延迟开展灭虫计划，起码要让相关人员研究出七氯和狄氏剂对野生动物的破坏程度，从而确定灭杀火蚁的剂量底线，但是没有人回应他们的要求。1958年，针对火蚁的喷药计划开始了，超过40万公顷土地受到了七氯和狄氏剂的药物喷撒，所有的实验和研究都已无用。

随着喷药计划不断推进，各地实例增多，野生动物保护机构的生物学家和各个高校的学者都以此进一步考察，得到了更加准确的研究结果。据统计，某些地区的动物几乎全部被灭绝，这其中不仅包括野生动物，还有家养的禽类、牲畜和宠物。可是农业部大笔一挥，将这些事实全部归入"夸大事实"和"误导民众"，根本不予理会。但是，真相是无法被抹杀的。得克萨斯州哈丁郡进行农药喷撒以后，当地人就再也看不到负鼠、犰狳和浣熊的影子了。经过一整年的生态恢复，这些野生动物也依然寥寥无几，幸存浣熊体内几乎都存在有毒物质。

当地鸟类的死因无疑也和杀虫剂喷撒有关。科学家们针对鸟类尸体进行检测，进一步确定了这个结论。当地鸟类的幸存者是麻雀，其他地区也是一样，说明麻雀的生命力相对较强，对这种杀虫剂拥有免疫能力。在 1959 年的亚拉巴马州，有一半的鸟类都中毒死去，那些在地面筑巢的鸟类更是死得一干二净。隔年的春天是当地最寂静的一个春天，靠近地面的低矮灌木丛中再也听不到鸟儿的鸣叫声了。在得克萨斯州，当地人找到了乌鸫、美洲雀和草地鹨的尸体，鸟巢空空荡荡，再也没有鸟儿居住。国家鱼类和野生动物管理局收到了得克萨斯州、路易斯安那州、亚拉巴马州、佐治亚州和佛罗里达州送来的死鸟尸体，经过检测，几乎所有鸟儿体内都含有高浓度的杀虫剂残留物，毒性高达 38/1000000。

来自北方的丘鹬辗转路易斯安那州度过冬天，当它们飞回北方时，体内积蓄了用于灭杀火蚁的杀虫剂残留，人们很容易查到这背后的原因。丘鹬的主要食物是蚯蚓，当它们将喙探入土壤时，就能捕捉到杀虫剂中毒的蚯蚓。据研究，在喷药后经过半年以上的土壤中，蚯蚓体内残存七氯达到 20/1000000，在喷药后经过一年以上的地区，人们仍然能从蚯蚓体内检测到 10/1000000 的残留毒素。丘鹬体内的杀虫剂虽不致死，但其造成的后果通过幼鸟和成鸟的比例的显著变化表现出来，并在施药后的第一个季节就能被观察到。

北美鹌常年在低矮植被中筑巢觅食，一场农药喷撒活动结束之后，当地北美鹌几乎灭绝，南方的猎人为此头疼不已。同样的情况还发生在鹌鹑种群里。亚拉巴马州野生动物研究所的相关专家开展了统计工作，一片近1500公顷的土地上生活着13群、共计121只鹌鹑，在喷药结束后，人们走遍四周只能发现鹌鹑的尸体。所有的鸟类尸体中都存在化学毒素，鱼类和野生动物管理局的工作人员能够为此证明。得克萨斯州的鹌鹑群也经历了相同的命运，在一片超过1000公顷的土地喷撒农药之后，所有的鹌鹑和九成的鸣禽都死于七氯毒素。

除了北美鹑和鹌鹑，野火鸡种群也受到了来自农药的致命打击。亚拉巴马州威尔考克斯郡以往生活着八十多只火鸡，在喷药后，这些火鸡消失得无影无踪，仅剩下一只死去的幼鸟和一窝未经孵化的鸟蛋。火鸡养殖场的情况同样如此，负责养殖的农民几乎再也看不到健康的小火鸡，就算极少数小火鸡破壳而出，也会在短时间内死掉。那些未经农药喷撒的地区则一切如常。

受害的不仅仅是这些动物。在著名野生动物学者克莱伦斯·科塔姆博士的实地考察中，他与许多当地农户深入交谈，据他们说，在自家土地喷撒杀虫剂之后，附近的鸟儿、豢养的牲畜和宠物全都被毒死了。一名受损严重的农夫向科塔姆博士气愤地说，他家中毒暴毙的牛已经达到了19只，那些刚出生的小牛犊也被毒死了，其他农场也有四五只牛的情况相同。

在科塔姆博士访问过的农户里，大多数人并不理解这些事情的原因。一位农妇说，当地结束农药喷撒以后，她的母鸡再也没有孵化出健康的小鸡来。另一位农夫也说，他养的母猪在将近一年里都无法正常产崽，出生的小猪或是死胎，或是夭折。还有一名农夫说，他的养猪场原本预计的猪崽产量应在250头左右，然而实际产量只有37头，其中6头猪崽还在短时间内死去了。同时，他的养鸡场也遭受了巨大损失。

农业部的工作人员拒绝承认牲畜死亡的根本原因在于杀虫

划。但是，佐治亚州班布里奇的奥蒂斯·波伊特文博士认为，这一原因是无可置疑的。波伊特文博士从事兽医工作，在过去一段时间内，他时常接触中毒的动物们。据他分析，在喷药结束之后，当地的牛、羊、马匹、禽类、鸟儿和许许多多的野生动物都出现了神经系统方面的严重问题，这种病症直接来源于有毒的食物水源，圈养动物不会出现类似症状。根据波伊特文博士的研究，我们完全可以将该症状锁定为狄氏剂或七氯中毒。

波伊特文博士的报告中还提及了一例牛犊中毒案例。这只牛犊仅有两个月大，经检测，它的体内脂肪层中含有 79/1000000 的七氯残留物，而此时，结束喷药已经将近两年了。牛犊所中的化学毒素究竟来源于哪里？是牧草、牛奶还是早在未出生时就已经中毒？波伊特文博士提醒大家，如果牛奶含毒，那么情况很可能会更加严重，因为化学毒素完全有可能通过牛奶蔓延向人们的孩子。

通过波伊特文博士的报告，牛奶污染问题首次进入人们的视野。在消灭火蚁时，当地的农田和草场都喷撒了大量农药，当奶牛食用了残留化学物质的牧草，这些毒素必然会在奶牛体内不断累积，最终产出含有毒素的牛奶。况且，早在 1955 年，科学家就确认七氯的毒素会通过牛奶不断传播，狄氏剂毒素也是一样。在火蚁防治计划中，这两项杀虫剂都被广泛应用。

如今，七氯和狄氏剂已经被明确列入了受限制的化学物名单，农业部强调，这些药物不能用于出产奶制品和肉制品的牲畜，但是农业部防虫部门完全没有受到这一条例的制约，他们依然在南方大肆推广使用狄氏剂和七氯。在大面积喷药的情况下，一旦牛奶受到污染，谁来为消费者的健康负责？负责喷药的官员多半会说，他们已经要求农夫驱赶牛群，确保喷药区域保持一个月至三个月的完全隔离。但是农场面积小，喷撒药物面积大，这项工作是否能够得到贯彻实行？没有人能够保证。况且，即使确保隔离三个月，农场中的残留毒素也不一定能成功消解。

食品药品监督管理局对于牛奶污染情况提出严正抗议，但是他们也同样无能为力。在农药覆盖的大多数州，奶制品的行业影响力都相当小，仅限州内交易，所以州政府须要确保人们喝上干净有营养的牛奶。然而，1959年的调查证明，亚拉巴马州、路易斯安那州和得克萨斯州的卫生检测远远没有达到应有的水平，这三州的牛奶是否达到安全标准，人们无从确认。

在杀虫运动如火如荼地展开之后，有关七氯的研究并没有因此中止。相关人员查阅了以往的研究成果，他们发现，这项成果原本可以更早地干预联邦政府开展灭虫运动。根据研究显示，如果七氯药物渗入土壤或动植物组织，与氧气进行化学反应，一段时间后，就会产生一种更可怕的新物质：环氧七氯。早在1952年，这项研究成果就已经发表了。当时的科学家以雌鼠作为实验对象，在喂入30/1000000的七氯药物之后，不到半个月，雌鼠体内就出现了高达165/1000000的环氧七氯。

1959年，掩藏真相的迷雾散开，当地民众终于了解了这些生物知识。食品药品监督管理局颁布化学残留物禁令，严格检测食物，确保民众的饮食安全，这项禁令使农业部的杀虫计划受到了一定程度的阻碍。尽管农业部工作人员依然在不遗余力地推广杀虫计划，但是当地农民已经听从农业顾问的建议，为了保护自家农作物，坚决抗议喷撒农药。总之，农业部在开展火蚁防治计划之前，根本没有对七氯和狄氏剂的功效进行基本的研究，就算生物学家提交了相关报告，政府部门也对此视而不见。他们没有考虑农药使用的底线剂量，就将这些有毒物质投入长期喷撒。1959年，经过三年的大量喷药，政府组织的喷撒活动忽然出现了变化：他们将每英亩的七氯用量下调了0.75磅，随后又在此基础上继续下调了0.25磅。三至六个月后，这个数字最终下调为0.25磅。据农业部官员回应，他们在进行农药改良计划，因此开始尝试小剂量喷撒农药。如果这项尝试能够早些开展，不仅能够使民众免于大量经济损失，还能挽回许多无辜动物的生命。

1959年，为了安抚民众的愤怒情绪，农业部主动为得克萨斯州各个农场提供免费农药。为此，他们要求农场主签署一份不再向联邦、州和当地政府部门索求赔偿的免责协议。在这一年中，亚拉巴马州政府因喷药计划带来的经济损失而震惊不已，决定不再为这一计划提供经济支撑。政府部门的一位官员说，这一项目根本没有经过深思熟虑和调查研究，肆意侵犯公权力和私人财产，是一项糟糕的工作。灭除火蚁的杀虫剂计划失去了州政府的资金来源，却依然在向联邦政府谋求拨款，两年以后，该计划的工作人员再次从州议会争取到一笔款项。1961年，路易斯安那州的农民联合抗议杀虫剂计划，因为大面积喷撒七氯和狄氏剂会促使甘蔗害虫不断繁衍。这项计划可说是一事无成。1962年春，来自路易斯安那州立大学的昆虫学家纽森博士说："这项灭除火蚁的杀虫计划，即使是由联邦政府和州政府合作推进，至此也可以说是完全失败了。路易斯安那州的虫灾甚至比杀虫之前更为严重。"

佛罗里达州的火蚁虫害同样比以往更加严重，人们不再执着于大面积的"灭除"行动，仅仅在小范围内设法控制火蚁的危害。我们可以看到，越来越多的人选择了理性有节制的害虫防治方法。

近年以来，高效低价的害虫防治方法已经在一步步得到推广。火蚁在地面筑巢群居，人们可以利用这种筑巢习惯来定点处理蚁穴，只须要花费每英亩1美元的价格，就可以在蚁穴附近开展机械化作业。使用密西西比农业中心所研究出来的耕田机器，人们可以轧平蚁穴，在土壤中投放杀虫剂，这种方法可以直接灭除火蚁，且成本低廉至0.23美元。相比而言，农业部耗资庞大（每英亩3.5美元）的大型杀虫计划真是事倍功半。

第十一章 超越波吉亚家族的想象

人类对地球所造成的污染并不仅仅只有大规模喷药这一项。对大多数人来说，其实更应该担心的问题是每天都在发生的、数不清的小规模接触。如果一个人从生到死都一直在无休止地接触化学品，终究会发展成一场灾难，就像星火燎原那样。即使每一次接触到的化学品分量都微乎其微，但在反复接触的状态下我们仍然会慢性中毒，因为化学品在体内是会累积的。即使生活在边远地区也难以避免这种污染，因为它始终在不断蔓延，而且在商家的劝导下，你可能根本不会察觉这些材料具有致命性。事实上，可能人们根本不会发现自己已经在接触这些材料了。

毒素时代早已来临，不论是谁只要走进商店随便选购些东西，所带的毒性都比药店里的药品更加大，可药店还须要顾客签字才能购买呢。只须要进入超市进行几分钟小调查，就能让最有勇气的客人大为震惊（如果他具有一些基础的化学常识的话）。

如果要使顾客在进入商店时心里对化学品带有一定的警惕性的话，可能得将一个骷髅图案悬挂在杀虫剂区上方。但是我们所见到的画面并不是这样可怕而阴森的，而是琳琅满目的杀虫产品被整齐地陈列在货架上，旁边还有橄榄和腌菜，以及肥皂等清洁用品。那些玻璃容器放在孩子很容易碰到的高度，尽管里面盛着的化学品如果在大人或小孩不小心的触碰下撒出，就会溅到周围的人的身上，使人们中毒抽搐。当然了，这些危害并不会因为消费者将产品带回家之后就消失。例如，防蛀材料的包装上写着本产品是高压填装，加热或遇明火的情况下有爆炸的可能，这样的警告只会用细小的文字标注出来。氯丹是一种普通的家用杀虫剂。可居住在喷撒过氯丹的屋子里是"极度危险"的，这是食品药品监督管理局的首席药学家宣布的。除此之外，另外的一些家用化学品中甚至含有狄氏剂，毒性更大。

现在的厨用杀虫剂很方便，也就吸引了许多人去使用。橱柜上贴着的白色或彩色贴纸可能两面都被杀虫剂浸染了。生产厂家还会为我们提供详细的自助使用手册消灭虫子，只要按下按钮，我们就可以很容易地将狄氏剂喷到那些橱柜、房间和地板最难触及的角落和缝隙里。

如果蚊子、螨虫或其他害虫对我们造成了困扰，人们往往会在衣服和皮肤上使用喷剂、乳液或者面霜。奇怪的是我们中的大多数人觉得化学品不会渗进皮肤，即使其中有一些物质是可溶于清漆、油漆和混合纤维的。纽约一家专营店为了让我们随时随地都能摆脱害虫，推出了一款能够很轻易地放在钱包、沙滩包、高尔夫球袋或渔具包里的迷你喷雾器。

我们可以在地上打药蜡除虫，也可以把沾染林丹的带子挂在衣橱或衣柜里，这样半年之内都不须要再为蛀虫操心。但广告里不会告诉我们林丹的危险性。有一个林丹喷雾器广告也没有说明这一点，仅声称自己的设备安全、无异味。但事实上，美国医学会在他们的刊物上对此表示抗议，因为林丹喷雾器在他们看来属于危险设备。

农业部在一份居家园艺类的刊物上建议我们在衣物上喷撒滴滴涕、狄氏剂或其他的防蛀剂。根据农业部的说法，如果衣物上由于喷撒过量留下了杀虫剂的沉淀，可以使用刷子清除；但没有提醒我们要注意清除沉淀的地点和方式。而就算你结束了一天的繁忙，把衣物上的杀虫剂清除掉后，我们一天的结束还是离不开杀虫剂，因为床上的防蛀毯也被狄氏剂浸染过。

现在，毒素和园艺之间也有联系。琳琅满目的杀虫剂就放在每个五金铺子、园艺用品店和超市的货架上，被当作是园艺工具使用。那些还没有充分利用这些危险而致命的化学药品的人可能都觉得自己落伍了，因为不论是在园艺杂志还是报纸的园艺版上，都将化学药剂视为普通产品。

含有机磷的杀虫剂由于其快速致死性，被广泛地用在了草坪和观赏植物上。佛罗里达州卫生委员在 1960 年提出，那些未获许可和不符合标准的用法应当被制止，尤其是在住宅区。佛罗里达州在禁令真正实行之前就出现了对硫磷死亡案例。

可那些园艺工和屋主并没有得到使用危险化学品的警告。恰恰相反的是，市面上用于草坪、花园的新型设备接连问世，在使得园艺工作更加方便的同时，也大大增加了园艺工接触到化学品的概率。现在，人们可以通过一个装在塑料软管上的罐子向草坪喷洒氯丹或狄氏剂，就和洒水一样。这样的设备威胁到的不仅仅是园艺工的人身安全，还有其他人的。《纽约时报》的园艺版面中刊登了警告，提醒人们在使用化学制品时必须使用保护装置，否则在反虹吸作用下毒素会进入供水系统。可这种警示少之又少，和设备适用范围之广根本不成比例，公共水源是否能够免遭污染，我们还须要去求证吗？

我们可以从一位医生的例子了解到那些园艺工作者的情况，这位医生同时也是业余的园艺爱好者。一开始，他只是在自家草坪和灌木的范围内使用滴滴涕，后来又发展到了每周使用马拉硫磷。每次他都会弄得自己浑身都是喷剂，不论是使用手持喷壶还是喷管。他在一年后身体状况突然恶化住院，在他的脂肪活体样本中，医生检测出了浓度为 23/1000000 的农药残留，这也使得他的神经受到了永久性损伤，医生说很可能不会有好转。而他的身体也出现了马拉硫磷中毒的病征，状态越来越差，随着时间推移愈发容易感到疲惫和肌无力。这些症状使得他不得不终止了自己的职业生涯。

　　除了院子里的喷水管，喷撒杀虫剂的设备也与割草机进行了融合。它们能够在屋主除草时喷出阵阵杀虫烟雾。那些居住在郊区的住户接受了这种割草机，于是除了燃油尾气之外，他们的居住环境中又多了均匀分散的杀虫剂颗粒，城郊的空气污染指数甚至远远超过了城市。

　　然而家居或园艺杀虫剂的危害很少为人所知——很少有人会认真阅读或遵照标签上那些细小得难以辨认的警告行事。根据一家公司的调查结果来看，一百个人当中至多只有十五人会去阅读杀虫剂喷雾上的标签内容。

　　如今那些城郊居民的打击对象是马唐草。由于除草剂的品牌并不会显示其中包含的化学毒素，你得努力去读完印在包装袋上最不起眼的角落里的小号文字，才能知道里面是有氯丹还是狄氏剂。不论是被摆在五金店里还是园艺用品店里，除草剂有一点是相同的，那就是它们的产品说明书上不会提及使用化学品究竟具有什么样的危害。恰好相反，说明书上描绘出的是其乐融融的家庭，父子喜笑颜开，给草坪喷着药，而草坪上还有打滚嬉闹的孩童和狗狗。

　　化学品残留在食品当中也是一个被热议的话题。对此生产厂家通常会忽视或者直接拒绝承认其存在。同时，那些对食物中含有化学品残留的情况提出抗议的人往往会被扣上一个"狂热"的帽子。在种种争议下隐藏的真相究竟是怎么样的呢？

　　在滴滴涕时代（1942 年前后）到来之前就度过了一生的那些人，身体组织里并不会检验出滴滴涕或其他化学品，这是经过医学确认的。可 1954 年到 1956 年提取的人类脂肪样品当中，就像第三章提过的那样，含有的滴滴涕浓度为 5.3/1000000~7.4/1000000，目前证据显示出的滴滴涕平均水平，早已上涨到了更高的数字。而那些接触杀虫剂较多的人群，不论是因为职业还是其他因素，体内残留的浓度自然也比寻常人要高。

普通人如果没有直接接触杀虫剂的话，那么他们体内脂肪中的滴滴涕有可能来源于吃下去的食物。美国公共卫生署为了验证这种猜测，派出科学工作组选择了一些饭店和食堂的食物，对其进行调查，调查结果显示所有食物中都含有滴滴涕。因此，调查者们得出了一个充分而触目惊心的结论："几乎没有食物完全不含滴滴涕。"

因此滴滴涕在多种食物烹调成的饭菜中的含量估计不低。公共卫生署的一项独立研究显示，根据对监狱中饭菜的分析结果，炖干果这类菜肴中，滴滴涕浓度为 69.6/1000000，而面包中达到了100.9/1000000。

对于那些普通家庭的日常饮食而言，肉类和含有动物脂肪成分的食品被检测出了比例最高的氯化烃，这是因为这类化学品有着可溶于脂肪的特性。虽然氯化烃在蔬果中的残留较少，却是洗不掉的，唯一的去除方式是扔掉果皮和蔬菜的外层叶子，并且无论以什么形式都不能再去食用这些部分，因为这些药物残留并不能因为烹饪就被消除掉。

食品药品监督管理局禁止牛奶含有杀虫剂残留，这是极少数被下了这一禁令的食物。但事实是，一旦去检验，必定会在牛奶中发现药物残留。在黄油和其他奶制品中则有着最多的药物残留。在1960 年对461 种奶制品进行检测后，食品药品监督管理局表示，结果"很不乐观"，其中35% 左右都有药物残留。

现在，如果要找一种不含滴滴涕或其他化学品的食物，可能要到某个偏远、原始，尚未产生现代文明的地方才能找到。虽然符合这些条件的地方很罕见，但并不意味着不存在，例如阿拉斯加州的北极海岸一带，就是这么一个地方。但污染并不会永远止步，阴影已慢慢地笼罩了这里。科学家研究发现，当地因纽特人的食物中，无论是鲜鱼、干鱼、脂肪、油脂、海狸肉、白鲸、驯鹿、麋鹿、北极熊、海象这些肉类，还是蔓越橘、鲑浆果、野大黄等植物，都没有杀虫剂残留，一切都未遭污染。唯一被发现的例外是两只白猫头鹰体内测出了滴滴涕，它们来自波因特霍普，有可能是在迁徙过程中摄入了受污染的食物。

可惜在因纽特人身体脂肪样品中也发现了滴滴涕残留，其浓度很低，在0~1.9/1000000。这些脂肪样品取自离开原住地，去往安克雷奇市的美国公共卫生署医院做手术的人们，这或许就是他们体内含有滴滴涕的原因。安克雷奇市文明程度很高，那里的医院食物中所含的滴滴涕，和其他人口密集城市没什么区别。因纽特人只是在现代文明世界里稍作停留，就沾染上了这文明的恶果。

我们吃的每一顿饭，在农作物普遍使用农药的情况下，都必定含有少量氯化烃。如果在用药时，农户们能够严格遵照使用说明的话，药物残留量就不会超过食品药品监督管理局规定的许可范围，暂不讨论法定的残留标准是否合适，但农户除虫时常常会过量使用农药，这是更加重要的事实。农户们会在原本使用一次农药就足够的情况下，多次地喷撒农药，或者在临近收割时施用农药，这都是他们忽略了那些小字印刷的产品说明导致的农药误用。

农药误用现象频繁出现在农夫中间，让一些化工企业觉得应当对农夫科普使用化学品的正确方式。业内一个重要刊物在近期内公布："许多用户不知道的是，如果农药使用量过多，会导致农作物失去抵抗天灾的能力。农民的心血来潮，导致很多农作物承受着滥用杀虫剂的危险。"

食品药品监督管理局的档案里记录了许多类似事件，足以用来证明农夫们是如何忽视使用说明的：一名农夫在生菜即将成熟时在菜地里施用了8种杀虫剂；一名负责运送芹菜的人在菜上施用了5倍剂量的对硫磷，这种化学品是具有致命性的；种植户在生菜上施用了异狄氏剂，这是毒性最强的氯化烃，其药物残留被明令禁止；一周后即将成熟的菠菜被喷撒了滴滴涕。

当然了，污染有时候也是意外发生的。即使是封存在仓库里的食品也有可能受到滴滴涕、林丹或是其他杀虫剂的污染，因为杀虫剂颗粒能够穿透包装进入食物中。一艘轮船上的咖啡生豆就是这样被杀虫剂污染了。而食品储存时间越长，就越有可能遭到污染。

有人会提出这样的问题："难道政府不能保护我们吗？"答案是："效果不大。"食品药品监督管理局在保护消费者免遭杀虫剂侵害方面能做的不多，主要是受到了两个原因的限制。一、该局的管辖权只针对州际食品交易，而州内食品的售卖和生产已经超出其管辖范围；二、该局监察人员只有不到600个，这个数量并不多。在现有条件下，只有不到百分之一的州际农作物贸易有条件接受审查，这样的数据量对统计学而言毫无意义。这是一位来自食品药品监督管理局的官员透露的信息。而那些州内食品售卖和生产的情况呢，在大部分州的相关法律尚未健全的情况下，就更加不容乐观了。

食品药品监督管理局设定污染最大容许范围（简称"容许值"）的系统，明显具有某些缺漏。例如，在目前的审查条件下，这种设定只是在造成一种假象——已经确立并很好地执行了安全限度，但事实上只是纸上谈兵。至于食品的实际安全情况，很多人都认为任何毒素都是不安全且不被人所需要的，他们当然有充分理由秉持这样的观点。食品药品监督管理局为了设定合适的容许限度，会根据药物对实验动物产生的影响进行判断，继而确立能够承受的最高污染数值，从而设置食品安全底线数值。这种系统看似安全，实则不然。它忽略了许多重要的现实问题，我们的实验动物在摄入化学品的时候，处在人为可控条件下，摄入的化学品也是定量的；但人类与杀虫剂的接触是频繁而无法计量的，这也就导致了其不可控性。即便宴会上的生菜沙拉只含有7/1000000的滴滴涕，可以安全食用，但没有人会在宴会上只吃一道菜。每道菜吃一点点，那么每一种食物中的那一点点残留就这样进入了我们的体内。而且，就像我们知道的那样，食物中的杀虫剂并不是人类接触到的化学品的全部。来自方方面面的化合物累计在一起的情况下，是无法计算出摄入化学品的总量的，这也就是为什么讨论药物残留量的"安全范围"毫无意义。

此外也有其他问题尚未得到明确的处理。例如，容许值的设定违背了食品药品监督管理局科学家的判断，或者在制定时仍然没有对某种化学品得到足够的认知。在此之后，容许值会由于获取信息的更新或其他什么情况被降低甚至直接撤销，但在这个时候公众早已接触了危险剂量的化学品很长时间了。

事实上，如果真正让容许值被确立，就意味着为了降低农业和加工业的生产成本，默许了公众食品供应中有毒化合物的存在；那么消费者也就只能乖乖纳税，供养监督机关制定合适的剂量阈值，保障他们在化学品横行的情况下能够性命无忧。可是目前，因为农药的使用量和毒性已经成了一个大麻烦，如果要让监管机构的工作保质保量地进行，需要极其高昂的资金投入，无论哪位议员都不敢接下这样的烫手山芋。于是最终，只有消费者缴纳了税费还得不到保护，不得不周旋在形形色色危险的化学药品之间。

那么究竟如何才能解决这个问题呢？当务之急是要废除那些强毒性化合物的容许值，例如氯化烃和有机磷等，这一定会引发某些人的反对，认为这样农夫的负担也会随之加重。可是既然能够把滴滴涕在各类蔬果当中的残留量控制在 7/1000000，把对硫磷的残留量控制在 1/1000000，把狄氏剂的残留量控制在 1/10000000，那为什么不能再严格一点，把这些数字统统控制在 0 呢？事实上，有些作物中本来就禁止七氯、异狄氏剂和狄氏剂之类的化学药物残留，那么为什么不能把禁令扩大到所有作物呢？

但这不是最彻底和最终的解决方案，因为纸面上的零容忍对于现实社会的意义是微小的。据我们所知，目前超过九成九的州级食品运输都能避开检查,因此我们迫切需要的其实是食品药品监督管理局更加警惕,加派检查的人手。

刻意毒化食物后再对其进行监管的这个制度,让人不由自主地想起刘易斯·卡罗尔的"白衣骑士"把胡子染成绿色,又用扇子挡住不让别人看到的做法。只要使用毒性较弱的农药,就能减少误用化学品招来的危害,这就是解决问题的终极方案。而且,如今我们身边已开始出现这样的产品了,如除虫菊素、鱼藤酮、鱼尼丁等取自植物的物质。一些生产国为提高这类天然产品的产量,已经做足了准备,就等着市场需求增大。消费者的心理是会受到商家影响的,他们在购买时往往会被琳琅满目的杀虫剂、除草剂和除菌剂弄得摸不着头脑,更别提弄清楚它们的致命性和安全程度。我们需要的,是商家销售时愿意公开科普不同种类化学品的特性,让消费者对自己所需求的化学品有一个充分而清楚的认知。

除了去使用那些危险性相对较小的农药之外,我们也可以去探索非化学手段。例如使用某种昆虫的靶向病菌引发昆虫内部的疾病,进行害虫治理,这是加利福尼亚州目前正在尝试的新方法。如何更广泛地应用这类方法的相关实验也在紧锣密鼓地进行着,此外也有许多不会在食物中留存毒素的昆虫治理方法(见第十七章)。在这些方法真正引起全社会的关注前,我们仍然承受着现在的极端情况带来的压力。对我们来说,目前的情况并不比波吉亚家族的客人好多少。

第十二章 人类的代价

化合物狂潮是在工业时代来临的，我们的公众健康问题也随之剧变。昨天的人类还在为天花、霍乱和鼠疫的肆虐而恐惧，当下却已经不再关注这些普遍的疾病问题，而是开始担心深藏在环境之中的其他危害。新式的药物、越来越好的卫生和生活条件能够让人类把传染性疾病变成失去致命獠牙的雄狮，可正是由于我们亲手创造了现在的生活环境，才使得生活中出现了令人担忧的新危害。

新问题的来源是多种多样的：既有各种辐射引发的，也有包括杀虫剂在内的各色化合物引发的。由于化学药物已经波及了我们生活的世界的每一个角落，因此没有人不处在它的阴影下，害怕着它直接或间接的毒素影响。这种令人恐惧的阴影还在扩大，因为人类的一生有可能根本避免不了与化合物的接触，你无法预计自己的人生会受到什么样的影响。

来自美国公共卫生署的大卫·普林斯博士说："我们一直生活在恐惧里，担心着我们的生存环境会像恐龙一样被某种事物毁灭。更叫人害怕的是，我们的命运可能早在病症尚未出现以前就已经被决定了。"

杀虫剂与环境类疾病之间的联系是什么？化合物能够污染环境，渗透土壤、水源和食物，我们已经见识过了；而且，它也能够杀死河里的鱼儿，森林里的小鸟。这世界到处都充满了污染，即便人类假装自己并不是属于自然的一分子，但我们能从污染的阴影中逃脱吗？

如果使用化合物的剂量够多，就算只接触一次也有中毒的可能，这一点我们是清楚的。但关键是，无论是农夫、喷药者、飞行员还是任何一个会接触到大量杀虫剂的人，都是无辜者，本就不该莫名其妙地承受突然生病或暴毙的命运。站在全人类的角度来看，我们更应该关注的是杀虫剂污染了环境之后，长期被人类吸收产生的缓慢影响。

根据那些还没有丢掉自己责任心的公共卫生官员的说法，化合物的生物效应是能够长时间累积的，因此对人的伤害是大还是小，取决于这个人一生中接触到化合物的总剂量。可人类总是漠然对待那些尚不明确的不良后果，这也就是为什么人们总是忽略化合物的危险性。就像明智的雷诺·杜波斯博士说的那样："相比于悄悄走近的危险至极的敌人，人类总是更重视那些临床症状明显的疾病。"

对我们人类而言，生态问题是互相影响、互相依赖的，无论是密歇根州的知更鸟还是米拉米奇河的鲑鱼都能够证明这一点。当我们在榆树上喷了农药，来年春天就再也见不到知更鸟的身影，这并不是因为我们喷药的时候正好喷中了知更鸟，而是因为榆树叶中蓄满了毒素后又成了蚯蚓的口粮，于是吃了蚯蚓的知更鸟就一步步走向了死亡；河流边缘的石蛾被我们杀死时，洄游的鲑鱼也不可能独善其身；水中的蜉蝣被我们毒死后，生活在湖畔的鸟雀也会中毒身亡。这一切都直观地体现在我们对生态环境的观察记录中，它们就发生在我们身边，反映着互相关联的生命和死亡的脉络，这被科学界称作"生态学"。

生态世界也存在于人体内，在这里，微小的病因也会激发严重的后果，而且结果与原因往往看似毫无关联，也很难让人联想到它们之间的关系。最近的一份医学研究报告说："某个部位，甚至是分子的变化也是会影响到整个系统的，这种微小的变化会在看似不相干的器官和组织中引起病变。"如果对人体那些奇妙而神秘的机能有所关注，就会发现它们之间并不存在简单易证的因果关系，因为因和果无论是在时间上还是空间上都有可能发生错位。如果不能够耐心地推导，将许多看上去毫无干系的事实拼凑起来的话，那么也发现不了引发疾病或死亡的真正原因。

我们的思维已经习惯了总是去考虑明显、直观的影响，而忽视其他因素。除非是那些无法忽视的明显表现，否则我们甚至不愿意肯定危险的存在。为了解决这一难题，医学界须要研发出一种提前检测到损伤的技术。

可能我们会听到有些人的辩驳，说自己使用狄氏剂处理草坪后从未出现世界卫生组织所说的喷药后剧烈抽搐的现象，因此自己并没有被毒素影响。但这并不是一个一加一等于二的事件，毒素无疑是在体内累积的，尽管有些人接触过狄氏剂后并没有立刻突发中毒症状，但是我们已经知道了氯化烃残留总是从最小的摄入量开始蓄积的。一家新西兰医学杂志最近为我们提供了一个病例，一个正在减肥的人忽然出现中毒症状，检查过后我们得知，狄氏剂残留在他的脂肪里，当他体重基数下降的时候，它们就发生了代谢转化，从而导致他中毒。从这个例子我们可以很直观地明白，毒素是会残留在人体的脂肪中的，一旦这些脂肪被消耗掉，毒素会很快地影响到我们自身，那些因病而体重变轻的人也有可能出现这样的情况。

另一方面，毒素有可能以更隐蔽的方式积累在我们体内。美国医学会的期刊几年前就提出了危机警告。期刊中指出，能够累积的化学药物比那些不会在身体组织中累积的物质来得更加危险，须要谨慎以对。脂肪组织对人体而言并不只是一个脂肪仓库，它也有其重要功能，而这些功能的正常运转正在被累积在人体内的毒素干扰。除此以外，脂肪在人体内广泛地分布在各个器官和各种组织中，甚至包括细胞膜也有其身影。因此，我们必须清楚一点，那就是杀虫剂既然能溶于脂肪，那也会累积在我们的细胞中，发生我们下一章将会讲述的问题：扰乱细胞的重要功能——氧化和产生能量。

　　肝脏因为其功能的多样性和难以替代性，是人体器官当中最特别的一个，而氯化烃杀虫剂最可怕的一点就是会对肝脏产生影响。肝脏管理着人体的许多重要机能，所以即使它受到极小的伤害，都会对我们的身体造成严重的后果。肝脏不仅能为消化脂肪产生胆汁，因为它所处的位置以及有各种特殊的循环管道汇于其上，所以肝脏能够直接得到来自消化道的血液，深入参与主要食物的新陈代谢过程。它还能够储存糖分，并在人体需要的时候释放出分量精准的葡萄糖，以保证血糖水平正常。肝脏能够合成蛋白质，其中包括血浆中与凝血有关的重要成分。它还能够把血液中的胆固醇控制在合理水平，并在雄性激素和雌性激素高于正常水平时发挥抑制作用。肝脏中储存了多种维生素，其中一些又有助于其自身正常运转。

　　如果肝脏不能正常工作，人体就再也无法抵抗那些毒素的不断入侵，相当于一个丢了武器的战士，只能束手无策地看着敌人侵吞自己的家园。肝脏能够通过除掉氮元素高效率地化解掉那些正常新陈代谢附带的毒素，正常情况下不应在体内存在的毒素也会通过肝脏解毒。含马拉磷硫和甲氧氯的杀虫剂之所以"对人体无害"，是因为它们的毒素能被肝脏中的酶转化成弱毒性物质，而这正是肝脏处理绝大多数毒素的方法。

　　在外来毒素和体内毒素发起进攻时，人体防线已被削弱且面临崩溃边缘，肝脏不仅不会对人体起到保护作用，还会被杀虫剂影响，产生功能混乱。由于肝脏疾病会有多种表现形式，人们很难弄清楚真正的原因，也无法预计到会产生什么后果。

　　那些会对肝脏造成损伤的杀虫剂正在被广泛使用，而肝炎患者正好也是在 20 世纪 50 年代开始急剧增多的。据说，肝硬化患者的情况也是如此。在人类身上要证明 A 原因造成了 B 结果，比实验动物要来得更困难，但根据常识推测，肝脏类病例的增多与杀虫剂的盛行不无关系。不论化合物究竟是不是主因，在目前的条件下不要使自己触碰毒素、伤害肝脏，显然才是最明智的。

尽管方式不同，氯化烃和有机磷这两种杀虫剂成分都能够直接对神经系统产生影响。这是经过大量动物实验和人类实例证明的。滴滴涕这种被普遍使用的杀虫剂会首先影响到人类的中枢神经系统，主要体现在小脑和运动皮质层。根据毒理学教科书上的记录，我们可以看到，人在大量接触滴滴涕后会产生刺痛感、灼烧感、瘙痒感，可能还会出现颤抖和抽搐的症状。

我们对于滴滴涕急性中毒症状的了解，首先是从英国研究人员那里得来的，他们有意让自己接触滴滴涕，就为了了解其特性。两位来自英国皇家海军生理学实验室的科学家通过直接接触涂有水溶性涂料的墙壁让皮肤吸收滴滴涕，这种涂料当中的滴滴涕含量是 2%。他们这样描述接触滴滴涕后的症状："疲惫、迟钝，四肢疼痛，精神状态很差……焦躁……不愿工作，感觉大脑连最简单的任务都无法处理，有时还会伴随着剧烈的关节疼痛。"很显然滴滴涕对他们的神经系统造成了直接的伤害。

还有一名也是来自英国的实验者，将滴滴涕溶于丙酮之后涂抹在皮肤表面。根据他的实验报告中说明，他出现了四肢疼痛、肌无力和神经性紧张痉挛的症状。经过了一天的休息后情况有所好转，但当他恢复工作后又继续恶化了下去。就这样，他在床上休息了整整三个星期，忍受着各种症状的折磨，包括疼痛、失眠、紧张和焦虑等等。他有时候还会像那些滴滴涕中毒的鸟儿一样浑身颤抖。这位实验者在做完这个实验后，整整三个月都无法进行工作，直到年底都没有完全康复，那时候他已经是英国医学杂志中的典型案例了。

现在，不少案例的患病症状和患病过程都与杀虫剂明显相关。这些受害者基本上都是直接接触了某种杀虫剂后出现病症的，待他们经过治疗康复后，症状会好转，但在接触到类似化合物后又会复发。这些证据让我们完善了对于其他病例的药物治疗手段。而且它也警示了我们，不顾预期风险在自己的生活环境中使用杀虫剂的行为，的确是危险而愚蠢的。

为什么不是所有接触到杀虫剂的人都会出现同样的症状？这和个体差异有关。有证据表明，男人、女人和孩童的敏感程度是不一样的，久坐室内的人和那些经常在户外工作或锻炼的人的体质也有差异。此外，人与人之间还有一些较为暧昧难解的区别，例如有些人会对花粉或药物过敏，有些人却不会。这在医学上目前还没有合理的解释，但这种情况确实是真实存在的。有医生估计，他治疗的病人当中有35%甚至更多会表现出过敏症状，而且过敏人数也在不断增加，还有些不过敏体质的人会突然间开始对某些事物过敏。有些医学界人士觉得，这是间接性接触化合物产生的副作用。如果这种猜测是正确的，那些因职业因素必须不间断地接触化合物的人就会很少出现中毒现象，因为他们已经在频繁的化合物接触工作当中对化合物产生了耐药性。就像医生为了治疗病人的过敏，会反复为其注射过敏原，使他体内产生相关抗体。

在动物实验中，动物们会在严格的控制条件下接触单一化合物，但是人类基本不会遇到类似情况，所以人类和杀虫剂之间的问题是更为复杂的。杀虫剂与杀虫剂之间，或者杀虫剂与其他化合物之间有可能产生新的化学反应。这些化合物不论在土壤中还是人类的血液中，都不是互相隔离的，它们会互相接触、互相影响，发生奇妙的变化，甚至改变彼此的某些性质。

就连两种独立存在的杀虫剂也是如此。如果先接触到氯化烃使得肝脏受损，那么肝功能就会受到影响，胆碱酯酶水平降低，本身能够破坏胆碱酯酶的有机磷毒性就会增强。于是，毒性增强的有机磷就有可能导致急性中毒。而当有机磷与多种多样的药物、合成材料和食品添加剂互相作用时，又有谁能预料到这些充斥在世界各个角落的人造物质会变成什么状态呢？

滴滴涕的近亲甲氧氯，原本是一种无害的化合物，但是在另一种化合物的影响下，它发生了剧变。不过事实上，甲氧氯也不是真正完全无害的，根据最近的动物实验结果，我们发现它能影响到子宫和脑垂体，也有研究显示它对肾脏可能会有不良影响。这也提醒了我们，化合物的生物效应体系是复杂而庞大的。如果在单一接触甲氧氯的情况下，是不会导致它在体内累积的，于是人们觉得它安全无害，但这结论并不准确。甲氧氯在肝脏受到另一种元素损害的时候，会百倍地在人体内增多，进而持续地影响人们的神经系统，就像滴滴涕那样。但是肝脏的损伤通常并不会特别巨大，容易被人们忽略，而且造成肝脏损伤的情况也非常普遍：使用某种杀虫剂，使用的清洁剂中含四氯化碳，或者接受了镇静剂注射——这是由于大部分镇静剂含氯化烃。

神经系统方面的损伤不仅仅表现为中毒，也会导致反应迟缓。有报告称，甲氧氯等化合物会造成大脑或神经的长期损伤，狄氏剂也是如此，除急性中毒症状外还会让人产生各种类型的反应迟缓，如"记忆衰退、失眠、噩梦、躁狂"等。根据医学研究，林丹能够在大脑和肝脏组织中积累，诱发"对中枢神经系统的长期影响"。可是，这种化合物却被普遍用在喷雾器中，在房屋、办公室和饭店里喷洒着含六氯化苯的蒸汽。

在一般情况下，人们认为有机磷只会导致急性中毒症状，但其实它也会持续性损伤神经组织，更甚者还会导致精神疾病，已有多个使用有机磷杀虫剂导致麻痹症的案例。在 1930 年前后的禁酒期间发生的一件怪事其实就是一个预兆，虽然这事与杀虫剂无关，但仍然涉及一种在化学性质上与有机磷杀虫剂属同一类的某种物质。在那个时候，为了规避禁酒令，人们给酒精找了一些药物类的替代品，其中一种叫作牙买加姜汁酒，价格非常昂贵。那些贩卖私酒的商贩想要降低进货成本，于是就制作了一种能够骗过监察部门的仿冒姜汁酒。为了让它的口感和真正的牙买加姜汁酒一样，他们在里面加入了磷酸三邻甲苯酯这种化合物，它和对硫磷相似，都能破坏胆碱酯酶。这种仿冒姜汁酒导致 1.5 万人患了永久性的肌肉麻痹症，伴随麻痹而来的还有神经鞘的损伤和脊髓前角细胞的退化，而这种疾病也因此被称为"姜汁酒麻痹症"。

到了 20 世纪 50 年代，有机磷开始被用作杀虫剂了，于是与姜汁酒麻痹症相似的病例又开始出现。其中一个病例是德国的温室工人，他在使用对硫磷后出现了轻微的中毒症状，几个月后，他瘫痪了。接下来是化工厂的三名接触到同类杀虫剂而急性中毒的工人，在治疗后他们的身体都短暂地恢复了健康。然而，其中两人在十天后出现了腿部肌肉无力的症状，其中一人是女性，她表现出了非常严重的症状，四肢都发生了麻痹症状，两年后一家医学杂志报道了她的案例，当时她仍然没有恢复行走能力；而另一个人的腿部肌肉无力持续了大约十个月。

这些杀虫剂虽然已不再出现在市场上，但有些化合物会导致类似伤害，它们依然被投入使用。例如，园艺工最喜欢的马拉磷硫在实验中会让鸡肌肉无力，这种表现恰好和姜汁酒麻痹症相同，是破坏了坐骨神经鞘和脊髓神经鞘而导致的。

就算有人幸运地从有机磷的荼毒中活了下来，有可能还要面对更可怕的情况。杀虫剂对神经系统造成的损伤之严重，不可避免地会导致精神类疾病。在墨尔本大学和普林斯亨利学院的研究人员最近提出的报告中，我们看到了这种关联。16 个精神病例都有长期接触有机磷杀虫剂史，其中三个是负责检验药物效果的化学家，八个从事温室方面的工作，还有五个是农场工。这些人都出现了记忆衰退、精神分裂和抑郁的症状。他们都无精神病史，患病是因为受到了常用化学药剂的袭击。

就像我们所知道的那样，在医学文献中这种情况比比皆是，只是涉及的化合物不同，有些是氯化烃，有些是有机磷。我们为了消灭虫害，付出的代价着实惨烈：出现幻觉、身体机能混乱、记忆减退、狂躁等等。但只要我们仍然执迷不悟，坚持要使用这些会对神经系统造成难以逆转的损伤的化合物，这一切都不会停止。

第十三章 透过狭小的窗子

乔治·瓦尔德，著名的生物学家，曾经将自己研究过的一个专题——视网膜色素比喻成"一个狭小的窗户，当你从远处凝视时，只能看到一丝微光，只有越走越近，才能看到越来越开阔的景象，最后当你贴在窗户上时，就能看到广阔的宇宙"。

确实如此。我们要去理解化合物进入人体之后会产生何等严重的影响，就必须先关注人体的细胞，之后是细胞的微型结构，最后是结构内分子之间的相互作用。个体细胞功能是医学研究最近才开始关注的方向，细胞内部所产生的能量是生命存在不可或缺的因素，人体的能量机制不仅关系到健康，更关系到生命本身——它比人体的每一个器官都更加重要，因为在呼吸作用无法正常进行的情况下，身体机能是无法正常运行的。然而，化学药品除了能够用来对付昆虫、啮齿类动物、杂草以外，还能够直接破坏这一系统，扰乱其完美而精准的运行机制。

生物学和生物化学领域最令人为之赞叹的成就之一就是帮助人类了解了细胞的呼吸作用。许多研究人员在这一领域上做出了不少贡献，其中不乏诺贝尔奖获得者。二三十年间，这项研究一步步进行着，在前人的基础上不断完善，不断补充。即便如此，仍然有一些未完善的细节。况且我们是在过去十年间才归纳整理了各类研究，将生物的呼吸作用定义为基础生物学知识的一部分的。更重要的是，只有那些 1950 年之后接受基本训练的医务人员了解到了生物氧化的重要性和破坏生物氧化的后果。

能量的形成并不是在某一个器官内被完成的，它进行在人体的每一个细胞当中。一个具有活性的细胞就像是一团燃烧着的火，通过燃烧燃料为生命提供基本的生存能量。这类比喻虽然具有浪漫的诗意，但并不准确，因为细胞的"燃烧"所需要的温度仅仅是人体的正常体温水平。不过，的确是上亿个细胞的默默燃烧，点燃了人类生命的火炬。"一旦燃烧停止，心跳也会停止，植物无法向上生长，变形虫无法游动，神经无法再产生知觉，智慧无法再出现在脑海中。"这是化学家尤金·拉比诺维奇的说法。

在细胞中，物质和能量之间的转换是一个不间断的循环，如同一个处在自然循环当中的永动滚轮。碳水化合物以葡萄糖的形式，一点一滴地进入这个循环系统。在这个循环过程中，分子会经历裂变等一系列有序的化学反应，每一步都在专门的酶引导下发生。这些步骤在产生能量的同时也会产生二氧化碳和水，在被转化过后进入下一个阶段；当这个循环完成一圈后，恰好被耗尽的燃料就进入了一种新的状态，准备开始新一轮的循环。

细胞的运作就像一个化学工厂一样，是生命世界中的奇迹。在运作的过程中，发挥作用的部分都极其微小，这也正是这一过程的神奇之处。一般而言，细胞个体的体积都小得必须在显微镜下才能被观测到，而呼吸作用发生在细胞内部更小的部分——线粒体内。人们知道线粒体的存在已经六十多年了，但在过去，人们并未意识到它具有如此重要的作用，只把它当成细胞当中未知的元素看待。线粒体的相关研究是到了20世纪50年代才丰富起来的，并且也是在此期间取得了不少研究成果。在五年内，有近千篇相关的论文被发表出来。

人类对于线粒体的耐心探究和非凡的创造力着实令人敬畏。试想这原本小到用显微镜放大三百倍也难以观察到的颗粒，现在竟然被人类发明的技术从细胞中分离出来，并对其加以拆分和剖析，确定其复杂的功能。这令人难以置信的成就，与电子显微镜的发明和生化学家锲而不舍的研究精神是分不开的。

现在我们知道了，线粒体就是细胞的"发动引擎"，当中含有许多混合物，包含了呼吸作用每一步所需的酶。这些酶有条不紊地排列在线粒体壁和隔层中，保证能量产生反应的每一个步骤能够顺利进行。呼吸作用的初步环节会在细胞质中被完成，然后，作为燃料的葡萄糖分子进入线粒体，开始氧化反应，并释放出大量能量。

如果不是为了如此重要的结果，线粒体中氧化作用这一永动轮就失去其意义。氧化循环每一阶段产生的能量通常被生物学家称作腺苷三磷酸（ATP），是一种包含三个磷酸基团的分子。腺苷三磷酸之所以能提供能量，是因为它可以将其所含的一个磷酸基团转化成其他物质，在此过程中电子来回高速运动产生能量。因此，在肌肉细胞中，当末端的一个磷酸基团输送至收缩肌肉时，能量就能够让其收缩。接着，产生另一个循环——循环之中的循环：腺苷三磷酸分子送出一个磷酸基团，保留剩余两种，生成腺苷二磷酸（ADP）。随着轮子继续转动，另外一个磷酸基团又会补充进来，于是腺苷三磷酸得到恢复。这就像我们使用的蓄电池一样，腺苷三磷酸是充满电的电池，腺苷二磷酸是放电的电池。

腺苷三磷酸普遍地为所有生物提供能量，从微生物到人类。它能够为肌肉细胞提供动能，也能够为神经细胞提供电能。无论是精子、受精卵，还是能够产生激素的细胞，能量都来源于腺苷三磷酸的供给。线粒体会消耗掉腺苷三磷酸中的部分能量，但会立刻产出大部分能量输送至细胞中，为其他生命活动供能。线粒体所处的位置，能够便于它发挥作用，将能量准确地输送至需要的地方。它们在肌肉细胞中会分布在收缩纤维周边；在神经细胞中则处在细胞之间的接合点；在精子细胞中则位于推进尾端与前端的连接处。

"电池"充电的过程，也就是腺苷二磷酸与一个自由的磷酸基团结合成为腺苷三磷酸的过程，会与氧化过程相结合，这种紧密的连接叫作偶联酸磷化。如果这种结合被解偶联，就不会产生可用的能量。虽然呼吸还会继续，但是不会有能量产生，细胞就会变成一个空转的发动机，那么人体的肌肉就不能收缩，神经冲动也不能传递，精子也到达不了其目的地，受精卵难以完成复杂的分裂和成长。解偶联对从胚胎到成年的所有生物体都是一场灾难：可能导致组织甚至生物体死亡。

为什么会发生解偶联？其中一个原因是辐射。有人提出这可能就是受到辐射的细胞的死因。很不幸的是，许多化学药品都具有这种分离呼吸与产生能量的能力，包括杀虫剂和除草剂。例如，就像我们知道的，苯酚能对新陈代谢产生强烈的影响，可能导致体温升高到危险的程度——这就是解偶联的典型例子。此外被普遍用于除草剂的二硝基酚和五氯苯酚也是如此。2,4-D 也是除草剂中另外一种会引发解偶联的因子。在氯化烃中，滴滴涕已被证明是解偶联因素，如果我们进一步研究，可能会发现更多氯化烃化学品能造成解偶联。

解偶联并非熄灭人体内生命之火的唯一因素。我们已经知道氧化的每一阶段都由一种特殊的酶催化。如果这些酶，甚至是其中的一种酶受到了破坏或削弱，或者酶本身受到了某种影响，细胞内的呼吸循环就会停止。打个比方，呼吸作用就像一个转动的轮子，假如我们在轮辐中任意位置插一根撬棍，轮子都会停止转动；同理，如果我们破坏了呼吸循环中能够产生作用的任意一种酶，这个过程就会停止。于是，没有了能量产出，结果与解偶联相似。

一切能够被用作杀虫剂的化学药品，滴滴涕、甲氧氯、马拉硫磷、吩噻嗪以及各种二硝基化合物……不论是哪一种，都能抑制呼吸作用中的一种或多种酶生效，因此它们都够充当阻止这个轮子转动的撬棍。这些化学药品会阻碍生产能量的全过程并使细胞缺氧，一旦这种损伤产生，后果是灾难性的，我们在此提及的只是很少的一部分。

　　在下一章中我们会发现，实验人员仅仅抑制氧气供应就会让正常的细胞转变成癌细胞。而动物胚胎实验也让我们看到了细胞缺氧会带来的其他严重后果。无论是组织生长还是器官发育，在缺氧的情况下都会受到破坏，产生畸变和其他异常。也就是说，如果人类胚胎在缺氧环境中发育，也有造成先天性畸形的可能。

　　即使很少有人会去探求原因，但人们已经开始留意到了这种日渐增多的灾难性后果，已有迹象证明了这一点。美国人口统计局于1961年发起了一项全国范围的畸形儿填表调查，后附一段说明称调查结果将为先天性畸形的发生率和其发生的环境提供事实证明。毫无疑问，这类研究是会大量涉及辐射的，但那些能和辐射产生类似效果的化学药品也不能就此被人们忽略。人口统计局估计，未来发生在儿童身上的缺陷和畸形的元凶几乎可以肯定是渗入我们外部和体内世界的化学药品。

　　生物氧化受到干扰以及随之发生的腺苷三磷酸受损的情况，也影响到了繁殖率。这是由于卵子在受精前需要大量腺苷三磷酸供应，为下一阶段作好准备。精子使卵子受精须要消耗大量的能量，而精子细胞是否能够到达并穿透卵子取决于它本身的腺苷三磷酸供应，这些腺苷三磷酸产生于大量聚集于精子细胞颈部的线粒体。细胞的分裂在受精成功的那一刻就开始了，因此腺苷三磷酸能量供应在极大程度上决定了胚胎能否发育成型。一些胚胎学家在研究较易获取的青蛙卵和海胆卵之后，发现卵子在腺苷三磷酸低于某个水平的情况下会停止分裂，继而死去。

　　胚胎学实验室里发生的情况也可以拓展到苹果树上。知更鸟在苹果树上筑巢，安置着几颗蓝绿色的鸟蛋——但鸟蛋冷冰冰的，了无生趣，这是因为它们的生命之火只燃烧了几天就熄灭了。在佛罗里达州一棵高大的松树上，鹰用树枝和木棍搭了一个巨大的鸟窝，里面几个白色的蛋已被整整齐齐地安置好，但它们也是冰凉的，毫无生命的气息。知更鸟和小鹰为什么都无法被孵化？鸟蛋会不会和实验室里的青蛙卵、海胆卵一样，缺少腺苷三磷酸分子能量，所以才没有完成生长？是由于成鸟体内和鸟蛋里累积的杀虫剂导致腺苷三磷酸的缺乏，才使供应能量的生命之轮终止了吗？

再去猜测鸟蛋里是否有杀虫剂是没必要了，显然，检查鸟蛋比研究哺乳动物的卵细胞容易得多。不论是在实验室，还是在野外，鸟类生下的蛋只要接触过化合物，都会被检测出大量滴滴涕或其他碳氢化合物的高浓度残留。在加利福尼亚州的一次实验中，野鸡蛋被检测出含有 349/1000000 的滴滴涕。在密歇根州，从死于滴滴涕中毒的知更鸟输卵管中取出的蛋被检测出滴滴涕浓度为 200/1000000，其巢穴中的蛋里也有滴滴涕残留。附近的一个农场里，艾氏剂中毒的鸡所下的蛋里也有艾氏剂。实验室里被喂食过滴滴涕的母鸡下的蛋也被检测出了 65/1000000 的残留。

当我们知道了滴滴涕和其他氯化烃，或许是所有的氯化烃，能够破坏一种特别的酶或使能量产生机制变成解偶联状态，阻碍能量产生的循环，很难想象鸟蛋能够在含有大量化学品残留的情况下完成复杂的发育过程——无数次细胞分裂，组织和器官的发育，合成关键物质以形成生命。所有的步骤都需要大量的能量——只有新陈代谢机制运行才能产生的腺苷三磷酸。

这样的灾难不仅仅局限于鸟类，这是可以肯定的。腺苷三磷酸是一种普遍的能量元素，产生腺苷三磷酸的代谢循环不论在鸟类、细菌，还是人类或老鼠身上，发挥的作用是同样的。杀虫剂残留在任何物种的生殖细胞中都值得我们担忧，因为人类身上也会出现同样的效应。

有证据显示，这些化学品不仅出现在产生生殖细胞的组织里，也会出现在细胞里。杀虫剂残留在多种鸟类和哺乳动物的生殖器官里，包括用作实验对象的野鸡、老鼠、豚鼠，因榆树病而喷药地区的知更鸟，为治理云杉卷叶蛾而喷药的西部森林里的鹿……一只知更鸟的睾丸滴滴涕浓度比身体其他部位浓度要高，野鸡的睾丸里也有大量滴滴涕。

可能是由于化学药物残留在性器官中导致的影响，实验室中的哺乳动物发生了睾丸萎缩。接触了甲氧氯的老鼠睾丸会变得非常小，小公鸡食用了滴滴涕后，长成的睾丸大小只有正常水平的18%，而鸡冠和垂肉也只有正常尺寸的三分之一，因为它们的长成取决于睾丸激素。

精子也有可能因缺少腺苷三磷酸而受到影响。实验显示，公牛的精子活动能力会被二硝基酚降低，因为它会不可避免地导致能量减少，从而影响能量偶联机制。如果能够进一步在这一领域进行调查研究，一定会发现具有相同影响的化合物。根据医学报告中的记录，那些从空中喷撒滴滴涕的工作人员当中也出现了精液缺少的现象，这也佐证了人类并非完全不受影响。

对于全人类而言，基因遗传比个人的生命更加珍贵。基因是经过漫长进化才形成的、联系着人类的过去与未来的纽带，它不仅造就了我们现在的样子，同样也掌控着我们的未来，不论这未来是充满希望还是毁灭。然而，我们的时代正面临着基因衰退的局面，这完完全全是人类一手造成的，也是我们的文明要面对的最严峻的、最终的危机。

现在，我们不得不把化学药物拿出来跟辐射比较了。

活细胞在遭受辐射之后会造成各种损伤，例如分裂能力会被破坏，染色体结构会发生改变，遗传基因序列也会产生突变，导致后代出现新的特征。如果是敏感性高的细胞有可能会在经历辐射后立刻死亡，或者在多年后出现恶性病变。

所有这些辐射的后果都已被人类在实验室通过类放射或模拟辐

射的化学药品得到了重现。有不少被用作杀虫剂的化学品及除草剂都包含在这类物质内，它们会破坏正常的细胞分裂、改变染色体或引起突变。基因受到的恶性影响会导致疾病发生，或在后代的身体上体现出来。

人们在几十年前并不了解辐射或化学药品的种种效应。在那个时候，原子还没有成功被人们分裂，被用作模拟辐射的化学药品也没有被放入化学试管。直到 1927 年，来自得克萨斯大学的动物学教授穆勒博士才发现，被辐射过的生物后代会出现突变。后来，穆勒成功获得了诺贝尔生理学或医学奖，他的发现开启了科学界和医学界一个全新的领域，人们在这之后才知道了放射性物质的危害。

在 20 世纪 40 年代早期，爱丁堡大学的夏洛特·奥尔巴赫和威廉·罗勃森也发现了类似的情况。他们发现，芥气会造成永久性的染色体异常，与辐射的影响毫无二致。他们使用果蝇进行实验，实验结果显示，芥气同样会引发基因突变。这就是第一个诱变物质被发现的全过程，尽管关注它们的人并不多。

除了芥气，人们又发现了许多能够改变动植物遗传基因的其他化学药品。为了了解化学药品改变遗传过程的模式，我们必须先清楚生命在活细胞阶段的情况。

首先，身体组织和器官内的细胞必须能够不断增殖，才能保证身体正常生长和生命代代相传。这个过程是由有丝分裂或核分裂完成的，一个细胞即将分裂时会在细胞核内发生决定性的变化，最终扩散至整个细胞。染色体在细胞核内进行运动和分裂，排列成古老的双螺旋结构，将基因这一遗传物质中的决定性因素传递给子细胞。它们一开始呈现细长的线状，基因就像一串珠子一样在这些线上排列着；接着，每一条染色体纵向分裂，基因也会随之分裂开来，在细胞分为两半后，染色体会分别进入子细胞内。这样每一个新的细胞会包含一整套染色体。由于染色体中包含了所有的遗传信息，物种的完整性就通过这样的方式得以保存和延续。

生殖细胞形成过程中的分裂是独特的，因为任何物种的染色体数量都是恒定的，所以结合并形成新生命个体的精子和卵子都只会带来半数染色体。染色体在细胞分裂的过程中，能够精准地完成这一过程。此时，染色体不会发生分裂，这就让每一对染色体都能够完整地进入子细胞中。

在这个阶段，任何生命呈现出的状态都是相同的。地球上的任何生物都会经历细胞分裂，从人类到变形虫，从高大笔直的红杉到微小纤细的酵母。如果没有细胞分裂，所有生物都无法继续存在，因此任何破坏细胞分裂的可能都对生物的发展及其繁衍生息带来严重的威胁。

《生命》由乔治·辛普森和他的同事皮特德利、蒂凡尼共同写就，这本包罗万象的书中提道："类似细胞分裂这种细胞组织特征一定已经存在了五亿，甚至是十亿年。从这个角度看，地球生命毫无疑问是持久的，虽然它脆弱而复杂，但没有人能够否认它比山脉更加持久，而这种持久性，完完全全来源于每一代之间精确传递的遗传信息。"

但是，在这些作者所说的十亿年里，从未有过 20 世纪中期这些能够对"遗传的精确性"造成威胁和破坏的人为辐射和人造化学药品。诺贝尔奖获得者麦克法兰·波奈特爵士认为，这是我们的时代最重要的医学特征之一，"随着医疗技术和化学药品生产技术的进步，生物保护内部器官免受诱变物质侵扰的屏障被突破的频率越来越高"。

人类对染色体的研究还在初级阶段，环境因素对染色体的影响更是最近才开始被列入研究范围的。直到 1956 年出现了新技术，我们才真正确定了人类细胞中的染色体数量为 46 条，以及使我们的观察精细到可以检测出全部或部分染色体是否存在。环境因素能够

对基因造成破坏性的影响，是一个除了遗传学家之外很少有人能够
理解的全新的概念，令人遗憾的是，会听取遗传学家建议的人少之
又少。人类已经开始了解到辐射能够产生的各种形式的危害，尽管
有些地方仍然在自欺欺人。不单是政府的决策者，有许多医学界的
人都对遗传原理拒绝接受，这往往令穆勒博士万分遗憾。化学药品
具备的效应与辐射相似，这是公众以及众多医学、科技工作者很少
注意到的一点。但正是因为如此，化学品的普遍使用如今尚未得到
安全评测，即使这件事明明具有非同寻常的必要性。

　　预感到潜在危机的不只有麦克法兰爵士。来自英国的彼得·亚
历山大博士说，类放射化学物质的危害或许比辐射来得要大。穆勒
博士根据自己在遗传学领域数十年来的研究成果提出警告："包
括杀虫剂在内的各种化学药品能够增加突变的概率，就像辐射一
样……在现代社会，人类频繁接触异常化学品，这导致人类基因会
突变至何种程度尚不明确。"

　　人们普遍忽视化学诱变物质，有可能是因为这个发现最初仅限
于科研领域。毕竟，氮芥没有撒向所有人，而是被生物学家或医生
用于治疗癌症（最近已有报告显示，接受癌症治疗的病人染色体受
到了影响）。但是，许多人是会密切地接触到杀虫剂和除草剂的。

　　尽管人们对这个问题关注度并不大，但我们可以从许多杀虫剂
案例中收集信息，证明它们会破坏细胞内部：从染色体损伤到基因
突变，并导致细胞恶化。

　　蚊子接触滴滴涕后，会在几代之内发生奇怪的变化，成为雌雄
同体；使用各种苯酚处理过的植物的染色体会被严重破坏，基因发
生变化，出现大量突变和"不可逆转的遗传变化"；基因实验的典
型对象——果蝇，在接触苯酚后会发生突变，而它们在接触常见的
除草剂或尿烷后发生的突变甚至可以致死。尿烷属于氨基甲酸酯类
化合物，是很多杀虫剂以及其他农药的原料来源。有两种氨基甲酸

酯类化学品能够阻止细胞分裂，经常被用于防止储藏的土豆发芽，而另一种用于防止作物发芽的化合物——马来酰肼已经被认定为危险的诱变物质。

植物在使用六氯化苯（BHC）或林丹处理过后，根部会出现瘤子一样的肿块。如果能观察到植物内部的话，会发现细胞在变大，因为其内部的染色体数量已经翻了一番，而且染色体数量还会随着细胞分裂不断增加，直到再也无法分裂为止。

此外，除草剂 2,4-D 也会使植物根部长出瘤子一样的肿块，它会使植物的染色体变得粗短厚实，汇聚到一起，并且严重阻滞细胞分裂。据说这类似 X 射线产生的效应。

这些案例仅仅是一部分，还有很多事实可以佐证。然而，至今还未出现任何以检测杀虫剂诱变效应为目的的综合性研究，以上提及的案例都只是细胞生理学或遗传学研究的附带结果。人类如今迫切需要的，是直面须要处理的问题。

虽然有一些科学家承认环境辐射对人类的危害，但他们却怀疑诱变化学物质是否具有同等威力。他们明白辐射具有强大穿透力，却认为化学品不会渗透进生殖细胞内部。此时，我们再次受制于一个事实，那就是该问题对人类影响的直接研究极少。但在鸟类和哺乳动物的生殖腺和生殖细胞中残留的大量滴滴涕是一个强有力的证据，至少证明氯化烃不仅能够遍及全身，还会渗透到生物的遗传物质当中。来自宾夕法尼亚州立大学的大卫·戴维斯教授近期发现，一种能够阻止细胞分裂，仅仅被人类用于治疗癌症的强力化合物会造成鸟类不孕。显然，我们没有理由认为所有生物的生殖腺都能够免受环境中的化合物入侵。

近段时间，关于染色体异常的发现意义重大。英国和法国的几个研究小组于 1959 年得出了一个相同的结论：染色体数量异常会引起某些人类疾病。在这些研究人员研究过的异常情况和病例中，都具有染色体数量不正常的共同点。例如，我们俗称的唐氏综合征患者就多出了一条染色体。有时候，这条染色体会附着在另一条上，因此染色体的总数仍然会维持在 46 条。然而在一般情况下，那条多余的染色体是独立存在的，这样染色体数量就会变成 47 条。在这些病例中，缺陷往往来源于症状出现之前的那代人体内。

而在英美两国，某些慢性白血病患者体现出了另一种共同机制。在他们的血细胞中，都有染色体异常的情况，包括染色体的部分残缺。但在这些病人的皮肤细胞中，染色体的状态是正常的。这也就证明，染色体缺陷不仅仅发生在生殖细胞中，还会对某些特定细胞造成损伤，如本例当中的血液细胞。这些细胞会因为染色体的部分残缺失去正常的行为能力。

克莱恩菲尔特综合征与性染色体有关。例如患者是男性，却有两个 X 染色体，他的性染色体呈 XXY 形式而不是正常的 XY 形式。在这样的条件下，人常常会出现身高过高、智力缺陷或者不孕等症状。相反，如果一个人只具有一条性染色体，呈 XO 形式，而不是正常的 XX 或 XY 形式，则生理性别是女性，却没有第二性征。在这样的条件下，经常出现各种身体缺陷，有时也会表现为智力缺陷，这是由于 X 染色体中带有各种表现特征的基因。这种病被称为特纳综合征。医学文献早在发现其原因之前就已经对两种病症有所记载。

关于染色体破坏会导致身体残缺的例子从这一领域被开拓以来迅速增加，甚至已超出了医学领域的范围。

全球各地的研究人员正在不断钻研染色体。由克劳斯·波托博士带领的威斯康星大学工作组一直在关注各种各样的先天性畸形症状，包括智力缺陷在内。这些症状的发生似乎和部分染色体复制问题有关，很有可能是在生殖细胞的形成过程中，某条染色体断裂后其碎片无法适当地重新分配。这种不幸极可能导致胚胎发育无法正常进行。

根据现有知识，一条完全多余的染色体会阻碍胚胎生长，通常是会致死的。目前仅有三种情况可以存活，其中之一，当然就是唐氏综合征。这条多余的染色体虽然会对人体造成严重的损害，但不一定会致命。根据威斯康星的研究人员介绍，这种情况可以让目前一些原因尚未明确的案例得到解释，在这些案例中，孩童出生后会存在各类缺陷，通常包括智力缺陷。

目前，科学家们正忙于确定与疾病和发育不全相关的染色体异常，还没有探究其原因，所以这是一个全新的领域。我们不能够不明智地认定细胞分裂过程中染色体受损或染色体异常是由单一因素引起的。而且，目前化学药物正充斥着人类的生存环境，它们或许能够直接攻击染色体，最终引发上述病症，这样的事实我们能够轻飘飘地无视吗？为了防止土豆发芽或消灭自家院落里的蚊蝇，这样的代价会不会太过高昂？

我们经过了二十亿年细胞质的进化和取舍，才获得了如今的遗传基因。它属于我们，也属于我们的后代。只要我们愿意去行动，一定能够减少对其造成的危害。如今我们所做的，还远远不足。即使法律已经提出了要求，必须检验化学产品毒性后才能投入量产，但并未要求检验其基因效应，于是也没有生产商主动这么做。

第十四章 每四个中就有一个

癌症与生物之间的斗争究竟是从什么时候开始的，早已没有人知道，因为其源头已被远远地抛在了历史的长河中。不过我们可以确认的是，它始于自然。大自然中的所有生物，都遭受着太阳、风暴和地球上各种事物的影响，于是环境中的元素会形成某些灾难，例如紫外线会引发恶性疾病，某些岩石的辐射有致病性，来自土壤或岩石中的砷会导致食物或水资源的污染。这些都是古老的地球给生命们的考验，面对这些考验，众生若不能适应，便会灭亡。

这些危险的元素早在生命诞生以前就存在于这颗星球，然而，生命还是出现了，并且在几百万年间不断进化、增多。无法适应者被淘汰，顽强者幸存，在漫长的演化过程中，生命与自然达成了一种微妙的平衡。虽然生命在诞生初始，就渐渐适应了这些古老而稀少的致癌元素，但是它们的危险性并没有就这么降低，仍旧会引发恶性病变。

情况是随着人类的出现发生转变的。人类是一切生命之中唯一一种创造了致癌物质的，而有些人造致癌物，已经存在了好几个世纪了，例如含有芳烃的烟尘。工业时代的来临为整个地球带来了剧烈而多样的变化，一个充满了新型化学物质和物理物质的人造环境正在快速取代大自然，其中有一部分物质强大到能够诱发生物的变化。人类对于自己行为活动下诞生的这些致癌物毫无防备，因为人对环境条件的适应过程就像生物进化的过程一样缓慢，他们的身体防线脆弱得经不起致癌物的猛烈攻击。

我们对癌症的认识一直很片面，尽管这种疾病由来已久。伦敦的一名医生波希瓦·帕特早在两个世纪以前就意识到，外部环境因素是会导致恶性病变的。1775 年，他提出，烟囱清扫工群体中阴囊癌的高发，一定与他们体内烟尘的积攒量有关系。虽然他当时无法提出切实的证据证明这一点，但现代研究技术证明了他的观点是正确的，科学家发现了烟灰中含有的致命化学物质。

帕特提出研究结果之后的一个多世纪中，人类还是没有意识到反复接触、吸入或吞食化合物会引发癌症。确实，已经有人注意到了那些在康沃尔和威尔士的炼铜厂和铸锡厂工作的工人在长期接触砷烟雾后频发皮肤癌；也有人发现了那些负责在萨克森州的钴矿和波西米亚地区约阿西姆斯塔尔的铀矿开采的工人会患上一种后来被确认是癌症的肺病。但，这都是前工业时代的小范围现象，工业进入繁荣期之后，化合物就侵入了每一个生灵所在的生活环境。

19 世纪后半叶，人们开始发觉工业时代恶性病变的真相。由于巴斯德已开始提出是微生物引起了许多传染病，于是也有人开始探索褐煤工业与页岩工业的工人都罹患皮肤癌的原因。19 世纪末期，已经有六种工业致癌物质被发现；而到了 20 世纪，大量的致癌化合物被创造了出来，并与普罗大众发生了密切的接触。在帕特开展相关研究工作之后的两个世纪里，环境已经发生了翻天覆地的变化。而能够近距离接触到危险化合物也不再是职业人士的特权，因为它们已经进入了所有人的生活中——甚至包括尚在母亲腹中的胎儿。所以，现在会有这么多的恶性疾病也就不足为奇了。

恶性疾病的确在增多，这并不是我们的错觉。根据人口统计局 1959 年 7 月的月报显示，包括淋巴和造血组织方面的恶性疾病增多，造成的死亡人数达到了 1958 年全年死亡总人数的 15%，而在 1900 年时仅为 4%。美国癌症协会根据如今的情况估计，美国现有人口当中会有 4500 万左右患上癌症，这也就意味着全国 2/3 的家庭都将受到恶性疾病的侵入。

对于儿童来说，情况更加不容乐观。在 25 年前，很少有人听说儿童患上癌症，可现在死于癌症的儿童数量已经远超过其他所有疾病，波士顿甚至为此成立了一家儿童癌症医院。在 1~14 岁的儿童死亡事件当中，有 12% 死于癌症；5 岁以下的儿童里有大量罹患恶性肿瘤。而尤其令人恐惧的是，有许多孩子甚至是在刚出生或未出生的时候就已经出现肿瘤了。根据国家癌症研究所的休伯博士的观点，先天性癌症和婴幼儿罹患癌症有可能是因为母亲在孕期接触了致癌物，致癌物进入胎盘后作用在胚胎组织上，于是孩子就患上了癌症。经过实验我们也可以发现，那些幼小动物在接触致癌物质之后比成年动物更容易致病。来自佛罗里达大学的弗朗西斯·雷博士警告我们："食品中的化合物有可能导致孩童患癌，在一两代人之内，我们都无法预计这可能导致的结果。"

我们应该关注的是，那些被我们用于控制自然的化合物会不会直接或间接地引发癌症。有五六种杀虫剂在经过动物实验后被确认为致癌物质，如果再算上医生认定能够引发白血病的一些化合物，这张致癌物名单会更长；如果将那些对具有活性的组织或活细胞有间接致癌性的化合物算上，被加入名单的杀虫剂就更多了。由于我们没有在人类身上进行试验，这些证据就具有一定的偶然性，但还是应该引起重视。

砷是最早被发现与癌症有关的杀虫剂成分，比如用作除草剂的亚砷酸钠，以及用作杀虫剂的砷酸钙和其他化合物。砷与癌症的联系不论是在人类还是动物身上，都称得上是渊源已久。在专题著作《职业性肿瘤》中，休伯博士提到了一些案例来提醒我们接触砷的后果。西里西亚地区的雷切斯坦市千百年来一直是开采金、银矿的地方，而砷矿开采业在这里只进行了几百年。砷矿废料在几个世纪内一直堆积在矿井周边，等待着被从山上下来的溪流冲走，而在这个过程中又污染了地下水。于是砷就这样入侵了居民用水中。这里的居民在好几个世纪内一直承受着"雷切斯坦病"——慢性砷中毒的折磨，症状为肝、皮肤、消化系统和神经系统紊乱，有时还伴随着恶性肿瘤。大约 25 年前，这里改用了新的水源，水里不再含砷了，于是雷切斯坦病也成了过去。然而，在阿根廷的科尔多瓦省，伴有皮肤癌的慢性砷中毒仍很严重，因为他们的饮用水取自岩层，那里面含有砷。

长期而持续地使用含砷杀虫剂，很容易导致类似雷切斯坦和科尔瓦多的情况出现，美国的烟草种植区、西北部的果园和东部的蓝莓种植区都在使用含砷农药，土壤中的砷也有可能会对水资源造成污染。

砷导致的环境污染不仅会对人类产生影响，对动物也是一样的。德国于 1936 年发表了一份重要的报告，报告中显示，在萨克森州弗莱堡，银、铅熔炉向空中喷出的烟尘中含砷，烟尘飘向四周的村落，最后落在了植物上。据休伯博士分析，附近的马、牛、山羊和猪以这些植物为食物，它们都出现脱毛和皮肤变厚的奇怪情况。附近森林里的鹿身上产生了异样的色斑和癌症前期的疣，有一只甚至已经可以确诊患上了癌症。不论是家养牲畜还是野生动物，都患上了"砷肠炎、胃溃疡和肝硬化"。而养在熔炉附近的羊则得了鼻窦癌，人们在它们的大脑、肝脏和肿瘤中检测出了砷的成分。这个区域的昆虫也大量死亡，尤其是蜜蜂。由于含砷的粉尘在雨后从叶子上被冲刷下来，进入了溪水和池塘中，大量鱼类也死掉了。

有一种化学品被添加到有机杀虫剂中，被广泛地用来治理螨虫和扁虱，是一种致癌物。尽管有相关法律存在，但在法律程序真正能够控制局面以前，公众早已接触了致癌物数年之久。从另一个角度，我们可以看到，民众心里接受的所谓"无害"事物，有可能一夜之间就变成了危险品。

这种化学品在 1955 年上市时，生产厂家曾经为其申请容许值。

依照法律要求，他们进行了动物实验，将实验结果与申请一起交了上去。但食品药品监督管理局的科学家认为这种产品不安全，具有致癌性，建议对其实行"零容忍"，也就是说州际运输的食物当中不允许含有任何残留。但该厂家进行了上诉，一个委员会重新审理此案后得出了一个折中的处理方法：允许 1/1000000 的残留和两年出售期，但在出售期间必须进一步进行致癌性的测试实验。

委员会虽然没有明说，但是很显然，公众已经被他们当成了实验室里的小白鼠，被用来实验致癌物质。幸好动物实验只花了很短时间就得出了结论，将这种除螨剂定性为致癌物质。但是，到了1957 年，对于此种化学品的容许值仍然未被撤销，致癌物的残留继续渗透着消费者们购买的食物，又经过了整整一年的法律程序，他们才终于实行了三年前就被提出的"零容忍"。

杀虫剂中的致癌物绝对不仅于此。滴滴涕在动物实验中引发了疑似肝脏肿瘤，食品药品监督管理局的科学家们在报告这些肿瘤的情况时不知道如何把它们归类，但似乎觉得把它们定为"低级肝细胞癌"较为合适。而现在，休伯博士已明确地把滴滴涕定性为"化学致癌物质"。

氨基甲酸酯类的两种除草剂苯胺灵（IPC）和氯苯胺灵（CIPC）已被发现可以导致老鼠的皮肤出现肿瘤，其中有些是恶性的。这些化学品先引起恶性病变，然后环境中充斥的其他化学品会将病变反应继续催化。

除草剂氨基三唑能够引发甲状腺癌，这已经在实验动物身上证实了。1959 年，一些农夫在蔓越橘上误用了这种化学品，导致出售的浆果中有部分含有药物残留。很多人——其中有一些来自医学界——不相信这种化学品会致癌，甚至在食品药品监督管理局没收了这些蔓越橘之后也没有改变想法。根据食品药品监督管理局发布的科学事实证明，实验老鼠确实会在氨基三唑的作用下罹患癌症。

如果在实验老鼠的饮用水中加入 100/1000000 的氨基三唑，老鼠在 68 周后开始患上甲状腺肿瘤。两年后，出现肿瘤的实验老鼠超过半数，这些肿瘤既有良性也有恶性。剂量并不大的时候也会导致肿瘤出现，实际上，任何剂量都会对老鼠产生影响。当然，没有人知道氨基三唑达到多少剂量时会使人类致癌。但来自哈佛大学的医学教授大卫·鲁兹坦指出，这个剂量值一定危害巨大而不易使人发觉。

目前为止，人类仍旧没有足够的时间弄明白新型氯化烃杀虫剂和除草剂的所有影响。大部分恶性疾病都是缓慢发展的，患者要经过一段相当长的时间才会显现出临床症状。在 20 世纪 20 年代早期，在表盘上涂抹荧光物质的那些妇女因刷子不小心碰到了嘴唇而摄入了少量的镭。但她们患上骨癌是在 15 年甚至更久之后。那些工作中接触化学致癌物质的人出现病症，则在 15 年到 30 年，甚至更长的时间后。

不谈这些工业中接触到的致癌物，军方在 1942 年左右首次接触滴滴涕，民众则是三年之后才接触到的。而杀虫剂被真正普遍使用，是在 50 年代。这些化合物种下的种子，马上就要生根发芽，结出恶之果了。

大部分恶性病变的潜伏期很长，除了一个例外——白血病。广岛的幸存者们患上白血病时，距原子弹爆炸才过去了三年时间。因此，我们可以推测其潜伏期较短，也许研究人员之后还会发现其他潜伏期相对不长的癌症，但就目前我们所能掌握的情况来看，白血病是发病缓慢的癌症中唯一的例外。

白血病患者的数量随着杀虫剂的盛行逐渐变多。根据美国国家人口统计局的数据，我们可以看到，那些造血组织发生病变的病例变得越来越多，光是 1960 年死于白血病的就有 12290 人。1950 年死于血液和淋巴恶性肿瘤的共有 16690 人，十年后则增至 25400 人。在 1950 年，每 10 万人中就有 11.1 人死于此类疾病，十年后，这个数字就增加到了 14.1。这样的事不仅仅发生在美国，所有国家各个年龄段死于白血病的人数都在以每年 4%~5% 的速度不断上升。这代表了什么？人类在生活环境中不断接触到的那些从未出现在自然界的致命物质究竟是如何存在的？

梅奥医院作为举世闻名的医疗机构，已经收治了数百名死于造血组织疾病的患者。马尔科姆·哈格雷夫斯博士和他在血液科的同事报告称，这些病人在生前都与各种化合物有过接触，包括含滴滴涕、氯丹、苯、林丹和石油蒸馏物的喷剂等。

哈格雷夫斯博士说："那些因恶劣环境而中毒的病例一直在变多，尤其是在过去的十年间。"他根据自己丰富的临床经验判断："大多数血质不调和淋巴疾病病患都接触过不少碳氢化合物，而这正是如今大部分杀虫剂中都含有的成分。如果你仔细去研究这些病例的资料的话，总会发现这一点。"如今，他已经掌握了许多内容翔实的病例，都是从他自己治疗过的那些白血病病人、再生障碍性贫血患者、霍奇金病患者以及血液和造血组织紊乱的病人那里得来的。"那些人都与环境致癌元素有过接触。"他表示。

这些病例能够证明什么？例如，里面有一个非常厌恶蜘蛛的妇人，她在八月中旬带着含滴滴涕和石油蒸馏物的喷雾器进入地下室，进行了一番彻底的喷药，无论是楼梯的缝隙、柜子还是天花板上都被她仔细地喷了一遍。但是当她完成工作后，立刻觉得身体不适，恶心烦躁。几天后，她的情况才有所好转，显然她并没有把这两件事关联起来，因为她在九月份又进入地下室进行了一次喷药。喷药，不适，恢复，继续喷药。她经历了两次这样的循环之后，在第三次喷药时产生了新的症状：发烧、关节疼痛、急性静脉炎。根据哈格雷夫斯博士的检查结果，她患上了急性白血病，死于确诊后的第二个月。

另一位病人的办公室在一栋老旧生虫的建筑物里，他受不了这里神出鬼没的蟑螂，于是决定开展灭蟑行动。他花费一个周末的时间将浓度为 25% 的滴滴涕喷剂喷在地下室和其他角落里，不久后，他的身上开始出现奇怪的淤青和出血，他带着一身渗血的伤口走进了医院。根据他的血液分析报告，他患上了名为再生障碍性贫血的病症。他在之后的半年中接受了近 60 次输血和其他治疗，暂时恢复了健康。可过了八九年后，他还是患上了白血病。

在这些涉及杀虫剂的病例当中，提到最多的化学药物是滴滴涕、林丹、六氯化苯、硝基酚、对二氯苯和氯丹等，也有一些能够溶解这些药物的溶剂。这位医生不断强调的是，接触单一化学品的只是个例，并非普遍情况，因为农药产品中往往包含多种化学物质，可能还会有一些分散剂；含有芳烃和不饱和烃的溶剂本身就能够对造血器官产生伤害。从现实角度来看，这其中的差别已经不那么重要了，因为在喷药行为中石油溶剂本身就是不可或缺的一个组成部分。

不论是美国还是其他国家，都有许多病例可以支持哈格雷夫斯博士的论点。他认为，化学物质与白血病等血液疾病是存在因果关系的，这些患者本身在日常生活中就会接触各种各样的化学物质：农夫会被自己的喷药设备伤害，学生会待在喷了除虫剂的书房里学习，家庭妇女会在家里安装含有林丹的便携喷雾器，在棉花地工作的工人会接触到喷在田里的氯丹和毒杀芬。形形色色的人间悲剧就藏在那些复杂的医学术语背后，例如一对来自捷克斯洛伐克的表兄弟，他们在同一个镇子里生活，形影不离，一起干活儿，一起玩闹。这两个人干的最后一份活儿是在农场里搬卸大袋大袋含六氯化苯的杀虫剂。八个月后，其中一个男孩患了急性白血病，九天后就死了；另一个出现了疲劳和发烧的症状，他的病情在之后的三个月内不断恶化，最终被送往医院，也被确诊为急性白血病，于是生命就这样结束了。

一个来自瑞典的农夫也是典型的病例。他的故事看起来就像是日本渔夫久保山的一样。这位农夫和久保山一样原本身体健康，他依靠自己的田地生活，就像久保山靠海为生一样，两人都被天空中飘来的毒雾杀死。其中一人遭遇了放射性烟尘，另一人则遇到化学物质粉尘。这个农夫在自己的农田里使用了含滴滴涕和六氯化苯的药粉，在他辛勤劳作的时候清风将药粉吹到空中，在他四周飘散。于是，他的身体状况开始恶化。根据隆德市医院的记录："晚上时他开始感到疲惫，之后的几天里持续感觉到虚弱、寒冷以及背部和腿部疼痛，无法下床。到了5月19日（也就是喷药一星期后），他的病情一直没有好转，被送至当地医院。"被送到医院时他高烧不退，血细胞检测数据也不正常，转至内科两个半月后，他去世了。根据尸检结果来看，他的骨髓出现了非常严重的萎缩。

细胞分裂原本是人体内正常的必要活动，为什么会产生破坏性？无数科学家都在花费高昂的代价去研究这个问题。究竟是细胞内部的哪里出现了差错，才会把正常的裂变增多变成难以掌控的癌症？答案绝不是单一的。这是由于癌症本身就具有多种形态，其来源、发病过程和遏制因素都存在着不同的差异，因此原因肯定也不尽相同。但是，在众多的表现形式之下，细胞的损伤都是必然的。无数研究所都在对癌症进行研究，有些研究甚至并不针对癌症，但我们知道，能够破解眼前这道难题的办法，未来将会从这些研究中诞生。

只有从生命最小的单位——细胞和染色体为出发点，才能以更大的视角去审视全局、解开谜题。在微观世界里，我们可以找到一切使得细胞运行机制脱离正常轨道的因素。

最著名的癌细胞起源理论来自德国马克斯普朗克细胞生理学研究所的奥托·沃伯格教授。这位生物化学家一生都致力于研究细胞内部氧化过程。凭着丰富过人的研究经验，他精辟地解释了正常的细胞恶化的过程。

　　沃伯格的观点是，破坏正常细胞的呼吸作用会导致细胞失去能量，不论是辐射还是化学致癌物都能做到这一点。而人们反复地接触小剂量的致癌物，一旦生理机能被影响，就无法再恢复原样。那些细胞如果没有直接被毒素杀死，就会艰难地试图补充能量，但是它们已经无法再像原先那样产生腺苷三磷酸进行循环，于是只能回到一种原始的模式进行能量补充——发酵。发酵作用足够让它们苟延残喘很长时间，而它们分裂出的新细胞也会将这种发酵模式传递下去。这是由于细胞一旦失去呼吸能力，就再也无法恢复原状，哪怕花上一年、十年甚至更长的时间；但那些幸存下来的细胞为了存活，会一点一滴地通过发酵蓄积能量，这就是达尔文所说的适者生存。因此最后活下来的细胞无法进行呼吸作用，彻底适应了发酵模式，也就摇身一变，变成了癌细胞。

　　许多问题都因沃伯格的理论迎刃而解。比方说，为什么大部分癌症都具有很长的潜伏期，这是因为在呼吸作用被破坏后，细胞是在分裂期间慢慢适应发酵模式的，不同物种发酵的速度不尽相同，因此所需要的时间长短也有所区别：老鼠只需要很短的时间，因此很快会患上癌症；人类病变的发展十分缓慢，可能需要几十年。

　　为什么在某些情况下频繁的小剂量接触会比单次大剂量接触致癌物更危险？因为后者有可能立刻杀死所有细胞，而小剂量接触后存活下来的那些受损细胞才会渐渐发展成癌细胞。这就是为什么我们说致癌物质没有什么所谓的"安全剂量"。

　　还有一种令人难以置信的现象也在沃伯格的理论下豁然贯通：一种元素既能够致癌，也能够治癌。如我们所知，辐射可以杀死癌细胞，但也有可能引发癌症，其他一些用于治疗癌症的化合物也有这种特性。原本，我们并不清楚这是怎么一回事，现在我们明白了，这是因为这两种方法都能够破坏细胞的呼吸作用，而癌细胞本身的呼吸作用在第一次接触到致癌物时就已经被破坏了，再施加少量同类的破坏，就能使它死亡。同理，正常细胞的呼吸作用在受到破坏后没有马上死去，但已经走上了癌变的道路。

1953年，有人通过改变对细胞的供氧条件，将正常细胞变成了癌细胞，证实了沃伯格的论点。1961年，有人在得了癌症的老鼠体内注射放射性追踪物质后检验其呼吸作用，发现发酵作用明显超过了正常水平指数，这也证明了沃伯格的理论是正确的。

根据沃伯格所确立的标准，大部分杀虫剂都能达到致癌条件，正如我们在上一章当中所说的那样，有许多氯化烃和苯酚都能够破坏细胞内的氧化反应，影响到能量的产生过程。而各种各样的化合物也有可能通过同样的方式创造出癌细胞，让它们发生无法逆转的病变。等到人们有一天遗忘了自己接触过的化学药物，甚至不再怀疑它会致病的时候，癌症就发生了。

染色体可能也有这样的力量。在这一领域，有许多研究人员看待破坏染色体、干扰细胞分裂和引发突变的因素时都带着怀疑的眼光，他们将每一个因素都看作是癌症的诱因。大部分突变相关的讨论都涉及生殖细胞，也就是说其影响可能会在几代之后才表现出来。根据癌症起源的突变理论，当一个细胞受到辐射或化学品影响后，就有可能发生突变，从而脱离正常的细胞分裂。于是它就会无规律、无限制地增殖，通过这种分裂生成的新细胞也具备同样的特征，于是假以时日，这些细胞就会累积成癌症。

由研究人员指出癌变组织当中的染色体状态并不稳定，它们易损伤、易破裂，就连状态也不稳定，甚至会分化成两套。

首次发现染色体异常和恶性病变有关联的是在纽约斯隆凯特琳研究所工作的阿尔伯特·莱文和约翰·毕塞尔。他们非常肯定地认为"染色体变异早于恶性病变"。根据他们的观点，染色体最初受到损伤时状态会变得不稳定，它们会导致细胞发生各种各样的突变甚至失控，开始无规律地自我增殖，也就是癌症。

染色体变异理论的早期支持者包括欧几威德·温格。他认为关键在于染色体倍增的情况。通过对以植物为对象的实验进行反复观察可知，六氯化苯及其同属化学品林丹会使染色体数量加倍，而这些化合物又恰好与许多致命性贫血症病例相关。这难道只是巧合吗？那些会破坏细胞分裂的杀虫剂呢？它们会不会破坏染色体导致突变？

这就使得接触辐射或辐射类化学品最容易导致白血病的原因得到了很好的解释。不论是物理还是化学诱变，主要目标都是那些分裂活跃度高的细胞，包括各种组织的细胞在内，最主要的就是造血组织。红血球的主要制造来源是骨髓，它每秒钟向血液输送的新细胞数量超过一千万，而白血球在淋巴腺和一些骨髓细胞内的形成速度虽不稳定，但也快得令人吃惊。

就像锶90这类放射物质一样，一些化学物质与骨髓之间的关系非常密切。苯在多年前就已被医学界列入了白血病的病因之一，它能够渗入骨髓，并在里面驻留长达两年左右，而它正是常用作杀虫剂溶液的物质。

儿童体内组织的生长速度比成人更加迅速，也就是说，给细胞的癌变提供了合适的条件。麦克法兰·波奈特爵士指出，白血病已成为3至4岁孩童的常见疾病，在这个年龄段有着比其他疾病更高的发病率。"儿童成为患病高峰只有一个原因——他们在出生前后受到了诱变刺激。"他认为。

尿烷也会引发癌变。怀孕的老鼠接触尿烷后会患上肺癌，生下的幼崽也会患病。实验中的幼鼠只在出生前接触过尿烷一次，这就证明尿烷一定是进入了胎盘中。也就是说，如果人类接触到尿烷或相关化学品，婴儿会因为母体的产前接触而出现肿瘤，就像休伯博士警告我们的那样。

属于氨基甲酸酯的尿烷与除草剂苯胺灵和氯苯胺灵有着化学联系。如今，氨基甲酸酯仍被普遍用于杀虫剂、除草剂、除菌剂，以及塑化剂、药品、衣物、绝缘材料等各种产品当中，尽管癌症方面的专家警告过不要这样做。

癌症有时候也有可能来自某些间接影响。有些物质并没有被定性为致癌物，但它们有能力破坏身体部分机能，引发恶性病变。癌症当中就有这种典型，尤其是生殖系统方面的癌症，它们与性激素平衡被破坏相关；相反，那些影响肝脏功能的因素也会使得性激素平衡被破坏。像氯化烃这类会对肝脏机能产生影响的物质，就属于间接致癌的物质。

性激素的存在是必要的，它对于生殖器官的发育有着不可替代的作用。而人体内的肝脏能够管理雄性激素和雌性激素的平衡，确保人体内不会有任何一种激素蓄积过量。但是，在肝脏受到损坏或生病的状态下，这种功能无法正常运转，雌性激素就会超出正常水平。

那么这会造成什么样的后果呢？我们可以在实验动物身上看到充分的案例。根据洛克菲勒医学研究院的一名研究人员的报告，兔子在肝脏受损后子宫瘤发病率升高，这是由于肝脏功能受损后无法抑制血液中雌性激素，导致其"上升至致癌水平"。在各种动物实验结果中都能够发现，雌性激素的长期作用能够引发生殖器官组织的变化，"从良性过度发育转变为恶性疾病"。

医学界对这一问题的观点不尽相同，但已有许多证据显示出，人类身上也有可能发生相似的事情。麦吉尔大学皇家维多利亚医院的研究人员研究过150个子宫癌病例，其中65%的雌性激素水平都高得异常。后来他们又研究了20个病例，其中90%有相似的雌性激素活跃表现。

很有可能，肝脏所受的损伤足以破坏其正常抑制雌性激素的功能，但现有医学技术难以检测出来。我们已经知道小剂量地摄入氯化烃会导致肝脏细胞变化以及维生素 B 缺失。这一点很重要，因为已有证据表明维生素 B 是具有抗癌作用的。洛兹，也就是斯隆凯特琳癌症研究所的前院长发现，食用过酵母的实验动物就算是接触了强致癌性的化学品，也没有患上癌症，而丰富的维生素 B 正是而酵母中所含有的物质。口腔癌等消化道癌症往往伴随着缺乏维生素 B 特征，这种情况不仅出现在美国，也出现在瑞典和芬兰的北部地区；罹患原发性肝癌的人群普遍存在营养不良，例如非洲的班图部落；非洲某些地区的男性多发乳腺癌，也与肝脏病变和营养不良有关；战后的希腊男性常有乳房增大症状，正是饥饿时期的产物。

换句话说，杀虫剂间接致癌的观点的提出是基于它们对肝脏的损伤和使维生素 B 供应减少，从而导致人体内雌性激素增多。此外，我们在生活中也会从化妆品、药品、食物等物品中接触到许多人工合成雌性激素。

对于包括杀虫剂在内的致癌化学物质的接触，对人类而言是难以避免而且多变的。就拿砷来举例，一个人可以通过许多种形式接触到它，因为它在生活环境中以各种形式出现：空气污染物、水污染物、食物中的残留、药物、化妆品、木材防腐剂以及油漆或墨汁中的染料。虽然与化学药品的单次接触引发恶性病变的可能性不大，但在其他化学品所谓"安全剂量"的累加影响下，任何一次接触都可能使原本稳定的平衡被打破。

同时接触到两种或两种以上不同的致癌物质，它们的作用会叠加，或许会导致更大的伤害。例如，当一个人接触到滴滴涕时，必然会接触到其他致癌的烃类化学品，例如溶剂、脱漆剂、脱脂剂、干洗液或者麻醉剂。那么，我们又该怎么确定滴滴涕的所谓"安全剂量"呢？

化合物之间可以相互作用，并且改变其效应，这也就使得情况越来越复杂。癌症有时是在两种物质的共同作用下发生的，一种物质使得细胞或组织结构变得敏感，另一种物质真正促成恶性病变。这就是除草剂苯胺灵和氯苯胺灵引发皮肤癌的方式，它们先埋下种子，等待着另一种物质——有可能只是某种清洁剂——将恶果引发。

物理和化学元素也能够互相影响。白血病的形成可能来自两种物质的共同作用：X射线引起病变，尿烷之类的化学品负责催化。受到辐射的可能性在人类世界日渐增加，加上接触到的化学物质也越来越多，形成了一个非常严峻的新型社会问题。

放射性物质同样会污染水源。水中含有种种化合物，当这些物质出现在水里时，就有通过电离辐射改变化合物特性的可能，创造出新的化学物质。

有一个问题是全美国的水污染专家都在担心的，那就是清洁剂对于公共水资源所产生的污染问题。目前，没有任何办法可以清除所有的清洁剂，而有些清洁剂存在间接致癌的可能性，它们对消化道的内壁起作用，能够改变内部组织使其更容易吸收危险化合物，从而加快致癌速度。可谁能够预先知道这种影响呢？当现实环境日新月异、千变万化的时候，谁又敢保证致癌物所谓的"安全剂量"真正安全？

环境中多种多样的致癌元素都在攻击着我们，最近有一个发现可以证明这一点。1961年，许多孵化场里的鳟鱼得了肝癌，美国东西部地区都有这种现象发生。在某些地区，所有三岁大的鳟鱼都显现出了肝癌的症状。由于国家癌症研究所、鱼类和野生动物管理局事先达成了相关协定，这一情况被早早发现并披露了出来，提醒人们水污染会导致的致癌危害。

肝癌流行的原因虽然还未查明，但已有较为明确的证据指向那些精加工鱼饲料当中的某种物质。除了食物作为基底之外，这些饲料里面还含有许多化学添加剂和药物。

不论从什么角度思考，鳟鱼的故事都是很有意义的，但在这里，它主要的意义是证明了当强效致癌物质进入某个物种的生活环境时会导致什么后果。休伯博士觉得癌症的高发是自然环境在对人类进行示警，让人类意识到必须要控制环境中的致癌物数量及种类。"再不采取措施，这样的灾难也会发生在人类身上。"这是他的原话。

就像一位研究人员说的那样，我们所有人都生活在一片"致癌物组成的汪洋大海"里，这不免令人感到沮丧甚至绝望。"人类难道不是已经无力回天了吗？将致癌物质从环境中完全清除掉，简直难如登天，还不如放弃这种想法，将力气花费在寻找治疗癌症的药物上！"这可能是大多数人的想法。

休伯博士对此给出了令人敬佩的答案，他是凭着多年的杰出研究工作，经过深思熟虑，结合一生的研究和经验才得出论断。他认为，我们目前面临癌症的状况与 19 世纪末人类经历的传染病类似。在巴斯德和科赫的努力下，病原生物与许多疾病的关系已被确立。不单是在医学界，就连普罗大众都知道，人类的生活环境中存在大量能够致病的微生物，就和现在我们周围遍布致癌物质的情况一样。大部分传染病已经得到了合理的控制甚至消灭，而这正是预防和治疗所造就的辉煌。尽管外行人总觉得"灵丹妙药"才是控制疾病的功臣，其实，在与传染病的战争中，能够将环境中的病原体清除殆尽才能取得决定性的胜利。一百多年前，伦敦爆发了霍乱。约翰·斯诺医生根据疾病的传播路径绘制了一张传染路线图，这才找到了疾病的起源地点——一个抽水机，周边所有居民的取水之处。出于预防考虑，斯诺医生当机立断，迅速拆除了抽水机的把手，疾病就得到了控制——当时的人们并不知道，引起霍乱的微生物并非被什么神奇药物杀死，而是直接从环境中清除掉了。治疗措施具有十分重要的作用，因为它不仅使患者治愈，还能有效减少传染源。如今肺结核已经不像以往那样常见，很大程度上就是因为人们很少接触到结核病菌。

现代人类世界中，致癌物质无孔不入。如果人类将绝大部分精力都花费在寻找治疗癌症的有效方法上，一定会败给来势汹汹的病魔，这是休伯博士的观点，因为大部分致癌物质致病的速度比那些尚未成型的"治疗方案"控制疾病的效率要快许多。

人类为什么迟迟不用符合常识的办法对抗癌症？休伯博士说："或许和预防相比，能够战胜癌症的想法更加令人振奋、更具吸引力和激励人心的效果。"但是预防癌症"一定更加人道"，而且"绝对比治疗癌症的方案更加有效"。休伯博士从来不觉得那些"早餐前服用一颗神奇药丸就能预防癌症"的想法会成为现实。人们误解了癌症，觉得癌症这种神秘的病症是由单一原因引发的，于是就相信了单一疗法能将它治好。当然，这绝非真相。就像环境性癌症与多种化学和物理元素的诱发相关一样，癌症的病变因素也有多种表现形式。

即便有一天实现了渴望已久的"突破"，也不能就此认为人类找到了能够治疗各种恶性疾病的万能灵药。我们当然应该继续寻找有效的癌症治疗方法，减轻患者的病痛，但是如果一味宣扬一步到位的解决方法，只会使人类的希望破灭，造成信任危机。这将是一个须要稳扎稳打、缓慢进行的过程。就在我们投入大量资金和精力进行研究，找寻治愈癌症的治疗方法时，也正在错过采取预防措施的黄金时机。

癌症并不是无可救药的。如果把人类与癌症的斗争跟 19 世纪末的传染病做个比较，癌症斗争的前景在某种层面上可以称得上是鼓舞人心的。就像现在的世界到处都有致癌物质一样，当时的世界也四处蔓延着病菌。但是那时人类只是无意识地作为传播媒介在传播病菌，并未将病菌投放到环境当中。这恰好与现在人类活动创造了环境中大部分致癌物质的情况相反。这也就意味着，只要人类愿意，就有能力清除许多致癌物质。化学致癌物质有两种肆虐地球的理由：第一个颇具讽刺意味，是因为人们希望能够追求更高质量的便捷生活方式；第二个则有些悲哀，是因为生产和销售这类化学品已经成为我们生活中的必要工作。

　　清除世界上一切致癌物质的想法是脱离现实的。但是，大部分致癌物质并不存在于生活必需品中，因此只要清除这些化学品就能大大减少致癌物质的总量，每四个人中有一个人罹患癌症的可能性也有可能大大降低。目前人类最迫切的需求，是杜绝致癌物导致的食物污染、水污染和大气污染，因为这些对人类最具危险性——在日常生活中，我们必须与食物、水和空气保持日复一日的微量接触。

　　许多在癌症研究领域赫赫有名的专家和休伯博士持相同观点，认为通过查明并清除环境性病因，或减轻其效应能够让恶性疾病的发生率显著降低。不论是为了潜在的癌症患者还是现有的癌症病人，我们都必须努力寻找癌症的有效治疗方法。而那些仍未患上癌症的人和尚未出世的孩子，则必须采取预防措施，这事刻不容缓。

第十五章 自然的反击

人类冒着巨大的风险试图将自然改造成符合自己心意的样子，却没有成功，这是多么大的讽刺。然而这就是事实。大自然并不那么容易被小小的人类改变，昆虫也渐渐摸索出了躲避化学攻击的方式，尽管没有人愿意承认，但这就是真相。

来自荷兰的生物学家布雷约说："自然界最不可思议的存在就是昆虫世界。一切在昆虫世界里都是可能发生的，那些看上去最不可能发生的事往往会出现在这里。一个人如果去深入地研究昆虫的奥妙，那么他一定常常为见到的奇象惊叹不已。他知道任何事情都有可能在这里发生。"

如今，这种"不可能的事情"正在两个领域里出现。一个是昆虫正在通过遗传选择进化出抗药性，我们将在下一章中谈到；另一个则更需要我们注意，那就是我们创造出来改造自然的化学药品正在慢慢削弱环境内部的防线，而当我们失去这道防线时将再也无法制约物种之间的自然平衡，每一次防线遭到破坏，都会有大量虫害滋生。

我们早已深陷困境，根据十年甚至更长时间以来世界各地化学控制的结果来看，那些昆虫学家本以为解决掉了的问题又卷土重来了，而且随之而来的是更多的新问题。原本并未构成虫害的昆虫数量激增，已达到了构成虫害的数量。由此可见，化学控制计划的设定和实行都没有考虑过复杂而微妙的生态系统，少数物种身上或许进行了化学药物测试，但没有人能够保证其适用性能够囊括一切生灵，结果是彻底的失败。

现在有些地方倾向于认为自然界的平衡状态只存在于过去那个原始的、简单的世界中，如今的生态已被彻底破坏，无法再回到那个状态。虽然有些人觉得这种思路有理有据，但如果真的遵照这个思路去行动是极其偏激的。如今的自然平衡的确不同于以往，但并不意味着它不存在。生物间存在复杂而精准的联系，一旦人类忽视这种关系，就将会受到大自然的惩罚，就像站在悬崖边的人会被重力定理掌控一样。自然界是动态平衡的，它会不断自我调整、不断变化，而人类也是这种平衡当中的一分子。有时，人类和自然界能够和谐相处；有时，两者又水火不容，这种矛盾往往是人类活动造成的。

现代社会的人类在制订昆虫防治计划的过程中，忽略了两个关键。第一，最有效的自然控制来源于大自然，而非人类；昆虫学家称为"环境制约"的，正是大自然本身具有的把控物种数量平衡的神秘力量，自生命诞生之初就已经存在了。无论是食物、气候、灾害还是物种之间的竞争关系或共生关系，都是大自然的制约手段。"防止昆虫泛滥成灾最重要的方法，就是昆虫内部的自相残杀。"根据昆虫学家罗伯特·梅德卡夫的观点我们也可以看出这一点。而当我们能够用化学药品杀死昆虫之后，无论它们平日里被人类视为朋友还是仇敌，都会遭遇死亡。

第二个关键是，当环境的制约作用被人类削弱后，就会有某个物种数量暴涨。许多生物具有极其强大的繁殖能力，简直超越人类的想象。我在学生时代时做过实验，在一个罐子里装上干草和水，再加少许原生动物培养菌液，几天之后就会生成无数小生命——草履虫。它们在温度适中、食物充分、没有天敌的环境里能够无止境地增殖。

冬天到来的时候，鳕鱼会到海洋中寻找合适的地方产卵，每一条鱼都能够产下数百万个鱼卵，但从未听说过海里有鳕鱼泛滥成灾，这是因为每一对鳕鱼产下的鱼卵当中，只有很小的一部分能够长成和父母一样的大鱼，这就是大自然的制约作用。

生物学家往往会假设，当意外灾难破坏了自然的制约作用时，某个生物的所有后代都存活了下来，会发生些什么？19世纪，托马斯·赫胥黎曾计算过，一个单独的雌蚜虫（它具有不用配偶就能繁殖的稀奇能力）在一年时间中所能繁殖的蚜虫的总重量相当于当时中国人口的总重量。

幸运的是，这种极端情况不曾发生，只是研究动物种群的人能够在类似的情况下了解到自然秩序被扰乱后带来的可怕灾难。土狼消灭潮造成了田鼠泛滥，这和发生在亚利桑那州凯巴布高原的鹿身上的悲剧类似。由于狼、美洲狮等天敌的存在，鹿群的数量曾经维持在一个较为稳定的数字，与食物供应量相当。但当人们为了保护鹿群将所有猎食它们的动物都给杀光的时候，情况发生了变化。鹿群在没有天敌的情况下大量繁殖，很快面临了食物匮乏的情况。低矮植物统统被吃光，高处的叶子也渐渐不足，环境在饥饿的鹿群疯狂的觅食行动之下遭到了破坏，而被饿死的鹿其实远远超过了被猎杀的数量。

那些捕食性昆虫在森林和田野中，就像是凯巴布高原的狼群一样，当它们被大批大批地杀死，就会导致其他昆虫数量激增。

地球上究竟有多少种昆虫，这是一个没有答案的问题，因为人类还无法确定有多少未知物种，但计算所有已知种类的话，大约有70万。这也就意味着从物种数量来说，昆虫占地球生物总量的70%~80%。绝大多数昆虫受制于自然，而不是人类。如果不是这样的话，真不知道要用多少化学药物才能控制住它们的数量。

问题在于，人类必须要等到昆虫的天敌消失或数量暴增，才能意识到自然天敌的保护作用。大多数人虽然生活在这个美丽而神奇的世界上，却往往对自然的神秘力量视而不见，也不去留意他们四周那些奇妙的生灵。人们并没有深入地了解过捕食性昆虫和寄生类动物，或许我们曾经瞥见过自家院子里一种奇形怪状、样子凶猛的小虫子，但我们并不会就此明白其生活习性，只有晚上打着手电筒在灌木丛边偷偷观察，才会知道这种叫作螳螂的小东西以其他昆虫为食。到了这种时刻，我们才会明白这就是动物之间的捕食关系，也就明白了大自然制约作用的强大。

捕食其他昆虫为食的昆虫有很多种。其中一些动作非常敏捷，能够像燕子一样在空中捕猎；还有一些能够静默而有章法地沿着树枝爬行，一路吞食那些像蚜虫一样静止不动的昆虫；黄蜂会在捉到软体昆虫后把它们体内的汁液喂给幼虫；泥蜂会在屋檐下筑巢，并将昆虫储备在巢里供幼蜂取食；沙黄蜂会在牛群吃草时在上方守株待兔，杀死骚扰牛群的吸血蝇；常被当作蜜蜂的食蚜蝇会在感染了蚜虫的植物上产卵，这样当它们的幼虫孵化后就能够以大量蚜虫充饥；瓢虫可以在极短的时间内消灭掉蚜虫、介壳虫以及其他食草昆虫，因为一只瓢虫须要吃掉数千只蚜虫才能获得充足的能量产卵繁衍。

至于寄生昆虫，它们的习性更加独特。它们会利用各种适应性变化来控制宿主，喂养自己的幼虫，而非直接杀死宿主。例如，有些昆虫会在猎物的幼虫或卵里产卵，这样它们的幼虫就可以直接以宿主为食；有些则会让卵附着在毛虫身上，当幼虫孵化的时候就能够从宿主的皮肤中钻出；也有一些昆虫颇为高瞻远瞩，它们会把卵产在叶子上，让觅食的毛虫无意间吞下它们的卵。

无论是在田野上、灌木篱墙边，还是花园里和森林中，捕食昆虫和寄生虫忙碌的身影随处可见。几只蜻蜓在池塘上空轻快地飞过，阳光在它们的翅膀上折射出明亮而绚丽的图案。它们的祖先曾在沼泽中生活，与那些巨大的爬行类动物一起。如今，它们依旧会和远古时期一样，用锐利的复眼和篮子般的长腿在空中捕蚊。而蜻蜓的幼虫此时正在水中，捕食水下的蚊子幼虫以及其他昆虫。

你几乎无法看见趴在叶子上的草蜻蛉。它的翅膀像绿色的纱一样，眼睛呈淡金色，这是二叠纪古老物种的后代，行动隐秘而难以观测。草蜻蛉成虫以花朵和蚜虫为主要的食物来源，吸食其中的蜜汁，它会把卵产在长茎植物的根部，并将它们与叶片牢牢地固定在一起。它们奇特而带刺毛的幼虫蚜狮就在这样的地方降生。蚜狮会捕食蚜虫、介壳虫或螨虫，它们在捉到昆虫后吮吸其汁液。每只草蜻蛉可以吃掉数百只蚜虫，直到它们吐出白色的丝茧进入蛹期。

也有一些以寄生模式消耗其他昆虫的卵和幼虫生存的黄蜂和蝇类。有些黄蜂体形非常小，能够寄生在虫卵中，由于它们的数量之多和活动范围之广，许多破坏庄稼的昆虫数量在它们的寄生下得到了管控。

这些生命虽然渺小，却一刻不停地工作着。无论是白天黑夜还是风霜雨雪，都无法阻挡它们辛勤的步伐。就连在寒冷的严冬，它们也在燃烧着自己的生命之火，等待着春日降临时重新焕发生机。为了过冬，那些寄生类昆虫和捕食性动物会在坚厚的冻土层中、在树干的缝隙里、在厚实的雪堆下或隐蔽的洞穴中栖身。

螳螂的卵则在夏末（雌虫生命结束之前）就随着卵鞘被稳稳地安置在灌木丛中的枝叶间。

雌性长脚黄蜂往往躲藏在阁楼角落里，它们体内带有大量受精卵，寄托着整个族群的未来。这些雌蜂独来独往，春季时会建筑一个小小的巢，在每个巢室中产卵，并从其中培育出一些工蜂。它会在工蜂的协助下将蜂巢扩大，壮大自己的族群。接着，工蜂会在夏日到来时吃掉毛虫，作为营养补给。

于是在我们的生活需求与它们的生活习性相互影响之下，我们把这些昆虫都纳入了盟友的范围，使得自己在自然界发挥力量制衡生物族群时处于有利地位。可是我们却在屠杀害虫时波及了自己的盟友。更加可怕的是，我们从来没有正视过它们对敌人的牵制作用具有多么巨大的力量，失去它们的帮助，我们一定会遭受敌人的侵袭。

时间一年年地过去，在杀虫剂越来越多、效力也越来越复杂的情况下，环境对于人为污染的抵抗力越发羸弱且难以恢复。随着时间不断流逝，我们会遇到更多严重的虫灾，其影响力也不尽相同，不仅仅是破坏庄稼，还有传播疾病的可能，无论是什么样的影响，都有可能会超出我们目前的认知范围。

你或许会有这种想法："这些骇人听闻的事件都只是理论上的，也许我一辈子也碰不上一件。"

但美国就在发生这样的事件，就在此时此刻。截至1958年，与自然平衡混乱相关的昆虫已有五十种，在科学刊物的记载中，每年都有新的案例出现。最近，与这个问题相关的一篇评论性文章引用参考的论文达到了215篇。这些论文无一例外，都探讨了杀虫剂引发的昆虫数量失衡现状。

有时在喷撒化学药品之后反而会让那些人类希望消灭的昆虫数量剧增。例如安大略黑蝇在喷药后增加了十六倍，英格兰的白菜蚜虫在喷撒过有机磷杀虫剂后数量发生了史无前例的暴涨。

在另外的一些情况下，喷药是一柄双刃剑，既能够有效遏制害虫数量，同时也会导致从前不被视作灾害的昆虫泛滥成灾。例如红叶螨，当滴滴涕和另外一些杀虫剂将它的天敌消灭殆尽后，它就成了遍布全球的害虫。红叶螨并非昆虫，它与蜘蛛、蝎子和扁虱属同一类，是一种小得几乎看不见的八脚生物，口器适于穿刺和吮吸，特别喜欢以叶绿素为食。它那细小尖锐的口器能够刺进常青针叶林木的叶片内吮吸叶绿素，而树木一旦被它们感染，颜色就会变斑驳，如果它们数量极多，叶片还会变黄、脱落。

这样的事情在几年前就发生过。1956年，美国林业局在西部森林区约 35 万公顷土地上使用了滴滴涕，来控制云杉卷叶蛾的数量。可到了 1957 年夏季却出现了更严重的问题。工作人员在进行高空调查时发现有大片森林枯萎变黄，花旗松、针叶林的叶片都在脱落，从海伦娜国家森林到大贝尔特山的西坡，从蒙大拿州到爱达荷州，每一片森林看起来都像是被火焚烧过一般。显然，这是史上规模最广、破坏最严重的红叶螨灾。受灾地区囊括了绝大部分喷药地区，而在其他区域灾害都没有这么严重。护林官搜寻往年旧例时，想到了曾经的几次红叶螨灾害。1929 年黄石公园的麦迪逊河边，1949 年左右的科罗拉多州以及 1956 年的新墨西哥州，都出现过类似的情况，但哪一次都没有这次严重。每一次虫灾的共同点，是它们都发生在喷撒杀虫剂之后。

为什么红叶螨遇到杀虫剂后生命力会变得更加旺盛？首先是因为红叶螨对杀虫剂的敏感性不高。此外，红叶螨的数量原本受到形形色色捕食性昆虫的制约，例如瓢虫、瘦蚊、捕食性螨虫，它们都对杀虫剂极为敏感。最后一个原因是红叶螨种群内部的族群压力。一个未受影响的螨虫族群会稠密地聚集在一个保护性地带中生活，躲避天敌的攻击。在人类喷药过后，它们的族群虽然没有被杀死，但还是会受到影响分散开来寻找新的环境，于是它们就会往更广阔的空间扩散，寻找更充足的食物。而且现在多亏了杀虫剂，它们失去了天敌，所有耗费在建造保护地带上的精力都能够投入到繁殖上去，于是红叶螨的产卵数量增加了 3 倍，也就危害到了更广阔的地区。

雪伦多亚河谷是弗吉尼亚州出名的苹果种植区。当滴滴涕开始替代砷酸铅成为人们常用的杀虫剂时，一种叫作红线卷叶虫的小昆虫泛滥成灾。它在此造成的破坏是前所未有的，几乎波及了当地一半以上的作物。不仅仅是在当地，随着滴滴涕用量的不断增大，这种卷叶虫席卷了美国东部以及中西部地区，成了苹果树最大的敌人。

在 20 世纪 40 年代末的新斯科舍，那些卷叶蛾灾最严重的区域是定期喷药的果园，而未喷药的果园虽然也有蛀虫，数量却并不多，不会对整个园子造成危害，但对于果农来说，这种情况充满了讽刺性。

即使是在苏丹，辛勤喷药也无法带来令人满意的结局。在盖斯三角洲地带的灌溉区，棉花的种植面积有近 2.5 万公顷。由于滴滴涕在早期实验中展现出立竿见影的杀虫功效，此地大大增加了喷药量。可从喷药量增加的那一刻开始，麻烦出现了。棉铃虫是棉花种植最大的麻烦，可它们随着喷药而变得越来越多。喷药超过两次的地方，籽棉产量暴跌，即便有些食草昆虫被成功消灭，但在此基础上获得的那点微薄利益都被棉铃虫造成的损失给抵消了。与此形成对比的是，棉桃和成熟棉朵在未喷药地区就没有受到这样大的危害。于是种植者们不得不面对残酷的事实：如果他们没有花费大量时间和金钱去喷药的话，棉花会取得更好的收成。

在比属刚果（现刚果民主共和国）和乌干达，人们为了对付咖啡树上的一种害虫大量使用滴滴涕，同样为自己的作物带来了灾难性后果，和美国红叶螨一样，这种害虫根本不受滴滴涕影响，可它们的天敌却极为害怕滴滴涕。

由于喷药对昆虫族群内部平衡的扰乱，美国的虫害情况愈发严峻。最近有两次大规模喷药就导致了这种情况的发生，一次是我们在第十章提到的南部地区火蚁清除计划，另一次则是第七章中详细叙述过的中西部地区日本金龟子消灭计划。

路易斯安那州于 1957 年在田地里大规模使用七氯，本应被用来针对火蚁的化学药物杀死了蔗螟的天敌。于是在喷撒七氯不久后，蔗螟这种甘蔗最凶猛的敌人在田地里泛滥开来，作物遭受了严重的破坏。农民们损失惨重，试图起诉州政府在使用化学品之前没有提醒过他们会产生这样的后果。

发生在伊利诺伊州的农民们身上的事件与此类似。伊利诺伊州东部的田地里大量地使用狄氏剂来对抗日本金龟子，但之后人们发现喷药地区的玉米螟增多到了一个匪夷所思的地步。具体地说，这一区域内的玉米螟幼虫是其他地方的两倍。农民可能弄不清其中的化学道理，但是他们为了消灭一种昆虫，使另一种破坏性更大的昆虫得以泛滥，即使没有科学家的提醒，他们也已经认识到了这个错误。据农业部估算，日本金龟子给美国每年造成的损失达到 1000 万美元，而玉米螟造成的损失达到了 8500 万美元。

这里有必要说的是，以前人们是依靠大自然的力量对玉米螟进行控制的。这种昆虫于 1917 年从欧洲进入美国，1919 年，美国政府开始大规模实行搜寻和引进玉米螟寄生虫的计划。从欧洲和东方国家引进的寄生虫数量达 24 种，花销颇大，其中有五种可以有效控制玉米螟。无须赘言，这些努力取得的成功，都已经随着喷药杀死了玉米螟的天敌而化为泡影。

如果你对此仍有怀疑，可以看看加利福尼亚州的柑橘园，在 19 世纪 80 年代，那里进行了一次举世瞩目的生物防治实验，并且大获成功。1872 年，加利福尼亚州出现了一种介壳虫，会吸取柑橘树汁液作为食物。在此后的二十多年间，这种虫子的群体逐渐壮大，给许多果园都带来了惨重的损失，成了祸害一方的害虫。它们几乎覆灭了新兴的柑橘行业，有许多农民不得不放弃他们的事业，将果树连根拔起。后来，国家从澳大利亚引进了一种介壳虫寄生虫——澳洲瓢虫。引进第一批瓢虫的两年之内，介壳虫在加利福尼亚州柑橘种植区的数量就得到了全面控制，就算你拿着放大镜在柑橘园找上一整天，也找不出一只介壳虫来。

到了 20 世纪 40 年代，柑橘种植者们开始尝试用化学药物去对付其他昆虫。加利福尼亚许多区域的澳洲瓢虫随着滴滴涕和其他化学药物的普遍使用，渐渐失去了踪迹。当年政府引进瓢虫时只花了五千美元，每年就能给果农挽回几百万美元的收益。但是如今由于人类的一时大意，这些收益全没了。介壳虫在极短的时间内卷土重来，造成的巨大损失超过了五十年来所发生的任何一次虫灾。

这或许昭示着一个时代的终结，至少利弗赛德市柑橘实验中心的保罗·德巴赫博士是这么认为的。介壳虫的控制工作在现代变得越来越复杂了，人们必须谨慎地控制喷药剂量佐以反复放养，才能够使澳洲瓢虫存留下来，并降低杀虫剂对它们产生的毁灭性影响。但无论柑橘种植者有多小心，还是多少会被附近农地的所有者影响，因为飘散在空气中的杀虫剂所造成的伤害已经不可撤销。

以上都是关于昆虫破坏农作物的案例。那么，携带疾病的昆虫又会对人类造成怎样的影响？我们身边已经出现了不少这方面的预警。例如二战期间，南太平洋的尼桑岛上曾经进行过大量喷药，直到战争结束时才停止。于是，疟蚊迅速地重新入侵了这座岛屿。由于杀虫剂杀死了大量捕食疟蚊的昆虫，新的种群尚未发展起来，这就给了疟蚊大量繁殖的机会。马歇尔·莱尔德描述这个事件时，把化学控制比作一辆自行车——一旦双脚踏上去，就会因为害怕后果而不敢停下来。

喷药在世界各地引发疾病的方式不尽相同，但蜗牛这类软体动物出于某种缘故不会受到杀虫剂影响。在佛罗里达东部的盐沼区域，大量喷撒药物后生物相继死亡，幸存下来的只有水蜗牛。当时的画面在人们的描述中简直恐怖得令人胆战心惊——蜗牛缓缓爬行，爬过鱼和螃蟹僵死的尸体，吞食着被雨水中的毒素杀死的生物，只有超现实主义画家才能绘制出这样的图景。

但这些情况对人类的意义究竟在哪里？就在于水蜗牛是许多危险寄生虫的宿主。这些寄生虫会先在软体动物身上寄生一段时日，接着再在人类身上寄生一段时日，例如血吸虫。血吸虫能够通过饮用水或清洁用水进入人体，引发严重的疾病，而它们正是依靠水蜗牛这个宿主进入到水体当中的。因此，一旦蜗牛在有血吸虫的地方大量繁殖，后果不堪设想。

而且人类并不是蜗牛带来的寄生虫的唯一受害者。例如肝吸虫会导致牛、羊、山羊、鹿、麋鹿、兔子以及其他温血动物患上肝脏疾病，美国牧畜者每年会因此损失350万美元，因为法律明文规定不能将感染后的肝脏加工成人类的食物。任何会使蜗牛数量增加的行动显然都会使这个问题更加棘手。

这些问题在过去的十年间已造成了很大的麻烦，但我们始终没有对其建立起正确的认知。那些最适合进行相关研究的人员都在忙着研究化学控制——据说，1960年，美国98%的昆虫学家在研究化学杀虫剂，仅有2%在从事生物防治领域的工作。

这是什么原因导致的？首先是因为一些主要的化学公司大力支持杀虫剂研究，为此将大量资金投到各个大学，这就创造了诱人的奖学金和研究院职位条件。而从另一个角度来看，生物防控研究从未得到过如此之多的捐赠，原因显而易见：生物防控并不能带来化学工业那样丰厚的财富。于是，生物防控方面的研究经费都由州和联邦机构承担，能够得到的工资也就微薄许多。

一些著名的昆虫学家都在大力推崇化学控制的原因也就得到了解释。只要稍稍调查过他们的背景就能发现，化工企业资助他们进行大量研究。他们的职业声誉，甚至工作岗位很有可能都依赖于化学控制。你如何能够指望他们去威胁自己幕后的老板？但是知道了他们具有这种倾向后，他们提出杀虫剂无害的说法还具有可信度吗？

化学药物成了昆虫防治的主要手段后，在一片主流赞誉中，少数没有忘记自己既不是化学家，也不是工程师，而是生物学家的昆虫学家发出了一些不同的声音。

来自英国的 F·H·雅各布说："所谓的经济昆虫学家相信喷药就能解决问题……一旦问题复发，或昆虫出现抗药性，或毒素波及哺乳动物，化学家就会拿出另一种特效药。但事实与此相去甚远……虫害防控的最佳答案，最终只有生物学家才能给出。"

皮克特博士来自新斯科舍省，他写道："经济昆虫学家必须明白的是，与他们打交道的是活着的生物。他们要做的不仅仅是简单的杀虫剂检测，或者寻找什么化学药品更具破坏力。"皮科特博士是合理昆虫防治领域的先驱，他研究出了多种有效利用捕食性昆虫和寄生虫的防治方法，那些由他与工作团队共同提出的方法如今已经成为极少人能够超越的典范。只有在加州一些昆虫学家提出的综合性防治计划中，我们才发现美国也存在类似的成果。

新斯科舍省安纳波利斯谷是加拿大最重要的水果种植区，大约在三十五年前，皮克特博士在那里的苹果园开展了研究。在那个时候，人们还认为杀虫剂足以达成昆虫防治的目标，因此唯一要做的就是劝诱果农接受使用农药的建议。但是，美好的愿望并没有成真。即使使用了新的化学药物、更高级的喷药设备，人们喷药的热情也持续增长，昆虫的数量却并没有因此减少。之后，人们使用滴滴涕消灭卷叶蛾引爆的红叶螨灾就更不必提了。皮克特博士说："用一个问题覆盖另一个问题，我们只是在从一场危机走向另一场危机。"

皮克特博士和他的同事们没有循着那些昆虫学家的老路，继续寻求更强效的化学药品，而是在这个时候提出了一个全新的方法。他们发现了自然界中存在着人类的盟友，于是最大限度地利用大自然的控制力量设计了防治计划，在他们的防治计划中，即使须要使用杀虫剂也只用最小的剂量，能够恰好控制住害虫而不对益虫造成影响。同时，他们还考虑到了时机的因素。例如如果能够在苹果花变成粉红色之前使用硫酸烟碱，就能够让重要的捕食性昆虫幸免于难，因为那时候它们还在卵中尚未孵化。

皮克特博士对化学药品的选择十分谨慎，因为这样能够最大限度地降低对寄生虫和捕食性昆虫的影响。他说："如果我们使用滴滴涕、对硫磷、氯丹以及其他新型杀虫剂，就像过去使用无机化学物那样，那些原本对生物防控感兴趣的昆虫学家也会打消这个想法的。"因此他放弃了这些毒性强、杀伤范围广的杀虫剂，而是主要依靠取自热带植物茎秆的鱼尼丁、硫酸烟碱和砷酸铅作为杀虫剂。在少数情况下，他也会采用比寻常用量更少的滴滴涕或马拉硫磷。虽然这两种化学药物在现代杀虫剂中称得上是毒性最轻的，但皮克特博士仍然保有通过进一步研究找到更安全、更有选择性的替代品的希望。

这种计划是否取得了应有的效果？在新斯科舍省，果农们采取了皮科特博士改良喷药计划后收获的高质量水果并不比那些大量使用化学品的果农少，就连收成总量也一样高，而他们花费的成本并没有后者那么多。在新斯科舍省，苹果园投入到杀虫剂上的费用只有其他苹果种植区的 10% 到 20%。

相较于这些喜人的成果，新斯科舍省的昆虫学家们提出的改良计划没有破坏自然的平衡才是更重要的。情况正朝着加拿大昆虫学家乌利耶特在十年前所引导的方向发展："我们必须改变自己的老想法，摒弃人类优于其他物种的观点，并承认在自然环境中寻找限制生物种群的方法比我们自己创造控制手段更加合适。"

第十六章 雪崩的隆隆声

假如达尔文看到今天的昆虫界，他一定会为适者生存论得到证实而又惊又喜。由于化学药物被过量喷洒，不堪一击的昆虫已经灭绝。现在，在化学药物的冲击下顽强生存着的，全都是体质强壮、抗药性极高的昆虫。

四十多年前，在华盛顿州立大学教授昆虫学的梅兰德抛出了这样一个问题："昆虫是否会有抗药性？"从现在来看，这样的问题完全是没有必要的。梅兰德之所以会这样问，是因为他生活在1914年，当时的人们使用着剂量适度的无机化学物，而昆虫已经对化学药物逐步表现出了适应性。在梅兰德生活的时代，人们因梨圆蚧而头疼不已——以往，喷撒石硫合剂是人们常用的方法，韦纳奇果园、雅基马谷的梨圆蚧都得到了有效控制，后来，克拉克森的梨圆蚧首先表现出了抗药性。

很快，各地的梨圆蚧都在短时间内发展出了抗药性。即使果农们辛辛苦苦喷撒了不少石硫合剂，真正杀死的昆虫却寥寥无几，它们依然活跃在数万亩果园中，中西部地区的果农因此蒙受了巨大损失。

加州当地人会用帆布将果树罩得严严实实，使用氢氰酸来熏蒸果园里的昆虫，这是多年来流传下来的老办法，可是结果并不尽如人意。1915年，加州柑橘研究中心的科学家开始投入心血进行研究，他们的研究时间长达25年。然而，1920年之后，苹果卷叶蛾也突破了化学农药对它们的控制，果农们在以往40年里使用的砷酸铅不再对它们起作用了。

然而，昆虫抗药性所带来的难题是在滴滴涕杀虫时代到来之后才完全凸显出来。短短几年之内，人们就意识到了这一问题的严重程度。大众并不掌握基础的昆虫知识和动物知识，他们不容易理解昆虫抗药性的本质。在当时的情况下，了解现状的只有那些深入研究昆虫的人，大多数农业工作者仍然寄望于毒性更烈的新型农药，他们没有意识到，昆虫抗药性正是因此而发展的。

人们对昆虫抗药性的理解程度和昆虫抗药性的发展速度是完全不同的。1945年之前，初步具备抗药性的昆虫种类仅有12种。然而，随着新型杀虫剂的大规模喷撒，昆虫的抗药速度发生了急剧增长。1960年，已经有137种昆虫具备抗药性，而这一数字还在不断增加。三百多名不同国籍的科学家对此开展研究，发表了一千多篇昆虫抗药性相关的学术论文。世界卫生组织强调，在我们研究昆虫防治问题时，首先须要研究昆虫抗药性的问题。英国动物学家查尔斯·埃尔顿说："这是雪崩临近的轰隆声。"

有些时候，研究人员刚刚完成了一篇化学药物控制昆虫的论文，还未来得及发表，昆虫就对这种药物产生了抗药性，使他们不得不在此基础上修改报告。南非蓝扁虱的例子就证明了这一点，蓝扁虱能够对牧场牛群形成致命威胁，牧场主每年会因此损失六百头牛。为了防治这种害虫，他们先后施用了砷剂和六氯化苯，一段时间内效果显著，相关人员在1949年发布报告声明这一研究成果。可是好景不长，就在这一年，蓝扁虱很快对新型杀虫剂发展出了抗药性。在1950年的《皮革贸易评论》中，一位评论员写道，这些在科学圈子里小范围传播、在国外的报纸媒体上不断报道的消息，重要程度比得上原子弹爆炸，可惜人们并不了解。

从事农业和林业工作的研究人员对昆虫抗药性忧心忡忡，而更多的民众开始因公共卫生而忐忑不安。从古至今，携带病菌的昆虫都会使人类患病。疟蚊和其他蚊子会传播疟疾、黄热病、脑炎等疾病。家蝇会传播眼病，这种昆虫不会主动叮咬人，却会将携带的痢疾杆菌留在人们的食物上。除此以外，虱子会传播斑疹伤寒，鼠蚤会传播鼠疫，采采蝇会传播非洲昏睡病，扁虱会导致发烧，这些携带病菌的昆虫都值得人们加强警惕。

我们必须重视携带病菌的有害昆虫，这是对公众健康的负责。而我们目前须要解决的问题是，在确切地知道杀虫计划会使当前状况更加恶化的情况下，我们还选用这一计划是否明智或负责任。公众所了解到的情况往往是杀虫剂灭除有害昆虫、控制疾病的传播，但是我们须要为此付出什么代价？杀虫计划的发展过程中有怎样的失败经历？人们不得而知。现实情况表明，昆虫抗药性之所以一步步增强，正是因我们而造成的。

世界卫生组织的布朗博士长年从事昆虫研究，对于昆虫抗药性问题，他曾经进行过深入研究。1958 年，布朗博士出版了一本学术专著，书中提及："近十年中，政府部门推广杀虫剂的使用，曾经得到控制的各类昆虫却逐渐发展出了抗药性。"世界卫生组织同时声明，目前，防治昆虫传播疾病的工作不断受到阻碍，疟疾、斑疹伤寒和鼠疫再度威胁着人类，我们须要在最短时间积极解决当前问题。

防治昆虫传播疾病的工作究竟受到了什么样的阻碍？目前看来，除了黑蝇、沙蝇和采采蝇以外，几乎所有传播疾病的昆虫都发展出了抗药性，其中完全具备抗药能力的是家蝇和虱子，蚊子的抗药性也在逐步引起人们的警觉。鼠疫的罪魁祸首——鼠蚤的泛滥已经很难以滴滴涕进行克制，这是一个相当严重的情况，各大洲和各大群岛国家都在发布类似的消息。

1943 年，人们首先在意大利使用新型杀虫剂。当时的盟军政府向人群大规模喷撒滴滴涕药物，杀灭了传播疾病的害虫，成功控制住了斑疹伤寒。1945 年，人们又用同样的方法控制疟蚊传播疾病。但是短短一年以后，家蝇和蚊子都开始出现了抗药性。对此，人们的解决措施是改用毒性更强的氯丹。在 1948 年到 1950 年间，氯丹的效果显著。但在 1950 年 8 月，能够对抗氯丹药性的苍蝇出现了，四个月后，所有的家蝇和蚊子都不再惧怕氯丹。昆虫抗药性的发展速度和人们研制新型杀虫剂的速度几乎同样快。次年年底，滴滴涕、甲氧氯、氯丹、七氯和六氯化苯都很难再起到原有的效用，蚊蝇却已经卷土重来。20 世纪 40 年代，意大利撒丁岛的昆虫也逐渐发展出了抗药性。1944 年，丹麦人开始在当地使用滴滴涕农药，三年后，当地的苍蝇就形成了滴滴涕抵抗力。埃及苍蝇在 1948 年就已经能够抵抗滴滴涕药物，埃及人用六氯化苯代替滴滴涕，很快，这种新药物也失效了。以埃及本地的某一村庄为例，1950 年，滴滴涕和氯丹能够有效防治苍蝇，当地婴儿的夭折率降低了一半左右，但在 1951 年，这两种杀虫剂就失去了先前的效用，苍蝇依旧猖獗，婴儿夭折率依旧居高不下。

美国苍蝇同样产生了杀虫剂抗药性。在 1948 年，滴滴涕就已经无法克制田纳西河谷和周边地区的苍蝇数量了，即使换用狄氏剂也效果有限，部分地区苍蝇的药物适应速度快至两个月。氯化烃类杀虫剂彻底失效后，有机磷药物派上了用场，可是很快，苍蝇的抗药性战胜了有机磷杀虫剂。最终，相关专家表示："杀虫剂已经没办法再防控家蝇，我们必须考虑其他的卫生措施。"

那不勒斯人使用滴滴涕防控体虱是早年的著名举措。1945 年冬天，韩国和日本有 200 万人受到虱子的困扰，这一问题也是由滴滴涕成功解决的。1948 年，西班牙人试图用滴滴涕来解决当地的斑疹伤寒病，第一次出现了障碍，人们并没有意识到这是昆虫抗药性的预兆，而是一门心思相信这仅仅是一个偶然事件。1950 年冬天，当韩国士兵再次试图用滴滴涕来防治虱子时，结果却大出人们的意料之外，虱子不减反多。当科学家对虱子进行集中检测时，他们发现，5%浓度的滴滴涕已经无法克制住虱子的繁衍。人们将检测对象扩大至东京的流浪者、板桥区的一间避难所以及叙利亚、约旦和埃及东部的难民营，检测结果都是相同的——虱子迅速增长的抗药性已经使它们战胜了滴滴涕。1957 年，伊朗、土耳其、埃塞俄比亚、西非、南非、秘鲁、智利、法国、南斯拉夫、阿富汗、乌干达、墨西哥、坦噶尼喀的虱子全都不再受滴滴涕的控制，当年在意大利的成就再也无法重现了。在疟蚊种群之中，首先出现滴滴涕抵抗能力的种类是萨氏按蚊。人们最早使用滴滴涕的时间在 1946 年，短短三年之后，情况就出现了变化。喷撒过滴滴涕的家里和牛棚里很少再看到疟蚊，这种害虫转而成群结队地出现在了路桥下、野外、下水道、洞穴里和树梢上，显然，它们都是从人们的屋子里逃出来的。在几个月的拉锯战中，疟蚊以惊人的速度发展出了抗药性，很快，它们就能够抵抗住滴滴涕的毒性，再次攻占房屋。

我们不得不严肃看待这一情况。为了解决疟疾，人们在房间里大面积喷撒滴滴涕，然而却助推了疟蚊抗药性的提升。从 1956 年至 1960 年的短短四年之中，具备抗药性的疟蚊种类从 5 种蹿升为 28 种，这其中不乏传播危险病菌的疟蚊，它们从西非、中美、东欧和印度尼西亚远道而来，已经造成了相当糟糕的情况。

其他种类的蚊子也在逐渐提升抗药性。热带地区的蚊子极容易传播皮肤病，普通杀虫剂现在已经很难控制住它们，传播马脑炎的美国蚊子同样如此。更严峻的威胁来自携带黄热病病菌的蚊子。几百年以来，世界各地的人们都深受黄热病困扰，这种蚊子如今不仅在加勒比地区造成严重危害，还已经初步入侵东南亚。

由于昆虫增长了抗药性，世界各地的医生在治疗传染病时，都遇到了更多的阻碍。1954 年的特立尼达岛，由于杀虫剂无法再控制当地的蚊子，黄热病在当地人之间猛烈传播开来，印度尼西亚和伊朗的疟疾扩散也是出于同样的原因。在希腊、尼日利亚和利比里亚，因为人们无法灭除蚊子，所以也无法阻挡疟原虫。佐治亚州人试图用杀虫计划控制苍蝇数量，从而避免腹泻病继续传播，然而不到一年，当地苍蝇的抗药性就突破了人们的封锁，变本加厉地传播病菌。埃及苍蝇传播急性结膜炎的过程基本是与之相同的，当地人的杀虫工作仅仅维持至1950年便宣告失败。

佛罗里达的盐沼蚊也开始逐渐抵抗杀虫剂的药物作用。这种蚊子不会直接传播疾病，但是它们叮咬人类，使沿海地区的人们纷纷搬迁离开，在经济层面给人们造成巨大损失。即使杀虫剂能够控制一时，但昆虫抗药性却使得情况不容乐观。

许多地方最常见的蚊子也会逐渐发展抗药能力，因此，很多社区都应该停止集中喷药的活动了。在今天的意大利，以色列，日本，法国，美国的加州、俄亥俄州、新泽西州和马萨诸塞州等地，滴滴涕已经无法杀灭大部分普通蚊子。

扁虱也出现了类似情况。近年来，木虱的抗药性使得斑疹热再次开始传播，而褐色狗虱更是彻底突破了化学药物的限制，人类和犬类都会不胜其扰。褐色狗虱来自亚热带，传入新泽西后，它们躲藏在人们的房屋之内，凭借室温来度过冬天。1959年夏天，就职于美国自然历史博物馆的约翰·帕里斯特提交了这样一份报告：中央公园西区的居民广受虱子的侵扰。根据调查显示，这种虱子会在公园里附着在狗身上，随着狗一同回到人们的家里，产卵并且大量繁衍。每隔一段时间，虱子就会彻底侵入一栋公寓。人们无法用滴滴涕、氯丹和大部分新型杀虫剂来彻底消灭它们。以往，纽约市基本没有虱子，而近来五六年中，它们不仅在纽约市大肆传播，就连长岛、维斯切斯特和康涅狄格州，都出现了它们的影子。

大部分活动在美国地区的德国小蠊都已经不再惧怕氯丹，人们不得不放弃这种最常用的杀虫药剂，改用有机磷来杀灭蟑螂。如果有机磷也逐渐失效呢？即使是相关领域科学家，也无法给出下一步对策。

由于昆虫抗药性飞速提高，负责防治害虫的工作人员只好不断换用毒性更强的化学药物。即使化学实验室里仍在不断研制新型药物，但这绝不是正确的解决方案。布朗博士说，我们当前面临的是一条看不见终点的单行道，如果传播疾病的害虫还没有完全受控，人类就已经无路可走，那么形势就会急转而下了。

以往，十几种农作物害虫能够抵抗住人们使用的非有机化学药物。在人们改用更强效的滴滴涕、六氯化苯、氯丹、毒杀芬、狄氏剂、艾氏剂和磷酸盐以后，昆虫的抗药能力也随之增长，1960年，已经有65种农作物害虫能够抵挡新型杀虫剂的毒性了。

人们最早发现的能抵抗滴滴涕的农作物害虫出现在1951年的美国，当地人喷撒滴滴涕的时间已经超过了六年。当时，苹果卷叶蛾给人们造成了巨大的困扰，世界各地的苹果卷叶蛾不约而同地出现了抗药情况，而卷心菜害虫、马铃薯害虫紧随其后。种植棉花的农民也表示，杀虫剂对蓟马、果蛾、叶蝉、毛虫、螨虫、蚜虫、铁线虫以及其他很多害虫都失去了原有的效用。

从事化学工业的相关人员不肯相信昆虫抗药性这一情况。1959年，面对着世界各地一百多种昆虫抵抗化学药物的状况，仍然有一家农业化学期刊发表文章，探讨昆虫抗药性究竟真实与否。就算他们不愿聆听事实，昆虫抗药性照旧在一天天侵蚀着人们的经济大厦。最重要的问题就是杀虫工作须要耗费的成本不断提高，囤积杀虫剂完全成了不必要的做法，因为没人知道这些杀虫剂在明天是否依然有效。所有的投资和宣传可能都要被浪费了，因为昆虫抗药性再次证明，人类妄图强行干预自然是荒谬可笑的。即使我们用最快速度研发化学药品、推广杀虫剂，也永远追不上昆虫产生抗药性的速度。

如果达尔文在世，他将会意外地发现，昆虫抗药能力能够完美地解释适者生存理论。同一族群中，不同昆虫的体质、活动、生理机能并不完全相同，强壮的昆虫能够抵抗住化学药物的毒性，弱小的昆虫就会在短时间内迅速毙命。而那些药物战争中幸存的成功者通过彼此繁衍，就能将出众的基因再度遗传下去。人们大规模喷撒强效杀虫剂，最终却适得其反，经过几代的繁衍，昆虫族群中的弱者全部被剔除出去，余下的强壮昆虫完全可以抵抗住杀虫剂的毒性。

人们不容易了解所有昆虫抵抗化学药物的方法。有一种说法（未经证实）认为，部分昆虫天生的生理结构就能够抵抗药物的毒性。根据布雷约博士的研究，丹麦斯普林福比研究所的苍蝇的确能够免疫滴滴涕药物，这些苍蝇在喷撒了滴滴涕的区域自由活动，就好像巫师能够在烈火中舞蹈。

其他地方的科学家也提交了类似的报告。在针对马来西亚吉隆坡蚊子的研究中，抗药性是由蚊子的活动轨迹来体现的。起先，它们会本能地远离滴滴涕的气味，但是随着抗药性增长，手电筒下的蚊子已经能够重返滴滴涕喷撒的区域了。在台湾南部的实验中，即使臭虫直接沾染了滴滴涕粉末也不会死亡，人们将它们控制在沾满滴滴涕的布料里，这些昆虫就在滴滴涕的包围中正常存活，正常产卵，活动时间超过一个月，孵化出来的幼虫也格外强壮。

要说抗药性源于天生的生理机能，这种说法只怕也未必正确。根据研究，科学家在抗药苍蝇的体内发现了一种酶，这种物质能够将滴滴涕转化为滴滴伊，有效削弱毒性。这种酶是根据遗传而产生的，后续繁衍的苍蝇都将抵抗滴滴涕药物。那么，有机磷酸盐的毒性又是如何被克制的呢？目前尚无定论。

一部分昆虫也会因其特有的行为习惯而摆脱药物伤害。不少工人发现，具备抗药性的苍蝇会主动挑选落脚地，人们几乎不会在喷药墙面看到它们的影子。部分家蝇也具备这一能力，它们挑选固定的落脚地，这就避免接触许多致命药物。某些疟蚊熟悉室内和室外不同的活动轨迹，当室内喷药后，它们飞往户外，即能避免接触滴滴涕。

昆虫抗药性的形成速度一般是两三年，在特殊情况下也会缩短至三个月，甚至更短。在极端案例里，也有六年才会发展出抗药性的昆虫。不同气候下，不同种类的昆虫有着不同的繁衍数量。举例来说，美国夏日相对较长，适合昆虫繁衍，因此美国的苍蝇就会比加拿大苍蝇更早产生抗药性。

看到昆虫抗药性的实际案例，人们也会忍不住燃起希望：或许在未来，人类也可以发展出抗药性？从理论上来讲，这一问题的回答是肯定的。但是人类要想形成抗药性，必然须要付出几百年、几千年的漫长时间，所以这一希望是相当微薄的。某个人单独的抗药能力不被称为抗药性，真正的抗药性必然是某一群体经过繁衍而形成的，人类的代际繁衍需要二十多年，而昆虫的繁衍时间仅仅需要几天或者几星期。

"相对来说，我们须要承受目前的损失，从而维持长期战斗能力。如果一味关注眼前的安全，未来将会付出严重代价。"荷兰植物保护局主管布雷约博士这样对人们说。他建议农药的喷撒量也应该尽可能降低，应当尽量避免对害虫施压。然而，美国农业部秉持着完全相反的观点。1952年发布的农业部年鉴承认了昆虫抗药性的存在，但是部门官员表示，为了克制昆虫，应当采用更加强效的杀虫剂。他们拒绝讨论，一旦目前的化学药物全部失效，仅剩下那种足以毒死全部生物的毒药时，人类应该往何处去。七年之后，康涅狄格州的《农业和食品化学》杂志刊登了一位昆虫学家的文章，他说，目前起码有一两种害虫已经将人们最后的化学药物逼到了穷途末路。布雷约博士说："显然，我们面临着严峻的情况。我们应当从生物层面上尝试解决这一问题，而不是继续研发化学药物。我们应当小心寻找自然规律中的方法，而不是暴力干预大自然。我们应当深度思考，展望未来，即使许多科学工作者都不具备这一能力。生命如此奥妙繁复，人类无法彻底了解生命，当我们被迫与生命抗争时，也应该长存敬畏之心。由于人们缺乏知识，缺乏能力，才不得不使用化学药物这一下策，如果我们能够了解大自然深处的秘密，原本不必采用这样粗暴拙劣的方法。我们应当更加谦虚谨慎，而不是狂妄自大。"

第十七章 另一条路

今天的人类正站在一个十字路口，但是不同于罗伯特·弗罗斯特所写的优美诗篇，我们面临的两条路是完全不同的。目前所处的这条路平坦宽敞，任由人们高速驱驰，可是不知道什么时候，灾难就会降临在这条路上。另一条路曲折而鲜有人迹，但它或许是人们保护地球环境的最后机会。

说到底，我们须要自主决定未来的方向。在一次次承受着化学药物带来的伤害之后，我们应该提出探寻真相的需求，了解使用化学品所面对的风险，拒绝继续喷撒毒药，设法寻找更加合适的道路。

除了喷撒农药以外，其他防治昆虫的方法也不在少数。有些是科学家所构想出的雏形，有些方法正在紧锣密鼓地实验效果，有些已经投入市场并取得了相当成功的结果。这些方法无一例外都属于生物范畴。人们须要深入研究这种昆虫，了解其本身的生理机能和一系列生物体系，生物学各个领域（昆虫学、病理学、遗传学、生理学、生物化学、生态学）的科学家都在为此做贡献，这门崭新的科学——生物防治学正在逐渐搭建成功。

任职于约翰斯·霍普金斯大学的生物学教授卡尔·斯旺森说："一门科学就有如一条河，我们不知道河流源头在那里，只能看见水流有时急促，有时缓慢，有时干涸，有时汹涌。科学家的思想与研究就是不断注入这条河的支流，河道逐渐拓宽，而新理论和新成果的发表，就使这条河更加波澜壮阔。"

生物防治学恰好就是一门这样的学科。一百年前，为了防治害虫，美国人将这种害虫的天敌引入境内，这就开启了生物防治学的首次实践。这门科学的发展速度时快时慢，在遇到困境时还会完全停滞，但是某些时候，有效的现实案例能够推动研究进展。在20世纪40年代，由于大批量生产新型杀虫剂，几乎没有人会采用生物防治这种耗时漫长的杀虫方法了，这就是生物防治学科这条河流的"干涸期"。但是，人们很快从现实案例里了解到，用化学药物来彻底灭杀昆虫变得遥不可及，滥用杀虫剂最终会危害到人类自己。因此，科学家再次投入到研究生物防治的工作中，这门科学再次进入发展阶段。

有些生物防治方法相当特别，人们使用昆虫本身的特性来完成杀虫工作，其中最特别的方法莫过于"雄性绝育法"，这种方法是由美国农业部昆虫研究所的工作人员爱德华·尼普林与他的同伴所发明出来的。

尼普林博士的"雄性绝育法"提出于25年前，在当时，他的同事都因此而深感震惊。根据尼普林博士的设想，他会将大量雄性昆虫绝育，并投放至野外与普通雄性昆虫竞争，如果绝育后的雄性昆虫与普通雌性昆虫进行交配，就无法正常繁衍后代，经过多次重复，该族群的繁衍率就会大大下降。

政府部门和其他科学家都不赞同这一方法，尼普林博士却依然致力于完成自己的想法。在开始实验之前，他须要找到切实可行的昆虫绝育手段。1916年，X射线使昆虫绝育的先例已经出现了，这是昆虫学家朗纳在研究烟草甲虫时意外发现的。20世纪20年代末，赫尔曼·穆勒进一步研究了基因突变，他的研究成果开创了一条新思路。到20世纪中叶，科学家使用X射线或伽马射线完成至少12种昆虫的绝育实验。

要想将实验结果运用于现实，科学家须要付出不少努力。1950年，尼普林博士正式推广绝育技术，试图以此解决美国南部的害虫螺旋蝇，它们使当地牧场主头疼不已。一旦牲畜身上出现伤口，螺旋蝇就会将虫卵产在血肉模糊的伤口里，幼虫被孵化出来后，吸食血肉，传播疾病。在短短十天内，一只强壮公牛就会重病而死。美国畜牧业农场主的经济损失总额已经高达 4000 万美元，野生动物的死亡数字更是难以统计。螺旋蝇对得克萨斯州的鹿群同样造成了严重损害。螺旋蝇最早出现于热带地区，广泛分布于美洲中南部、墨西哥、美国西南部地区。1933 年，佛罗里达州也出现了这种昆虫，它们在温暖的佛罗里达飞快繁衍，没多久就侵入了亚拉巴马州和佐治亚州，东南各州的畜牧业都因此而遭受了严重影响，经济损失高达 2000 万美元。

得克萨斯州农业部的学者们致力于解决螺旋蝇问题，他们收集了不少相关信息，在此基础上，尼普林博士决定开展自己的实验。1954 年，他在佛罗里达岛屿上开展首次试验，随后在荷兰政府的帮助下前往库拉索岛，这里地处加勒比海中，与大陆距离 80 公里以上。

随后，尼普林博士将实验室里的雄性绝育螺旋蝇运送到库拉索岛，通过空中投放，确保每平方英里（1 平方英里约为 2.6 平方公里）都会有 400 只雄性绝育螺旋蝇，每周投放一次。投放结束后，人们很快发现山羊身上附着的螺旋蝇开始减少，虫卵的孵化率也出现下降。这项投放工作开始于 1954 年 8 月，不到两个月，库拉索岛的螺旋蝇虫卵就彻底无法孵化，这里的螺旋蝇被完全清除了。

尼普林博士的螺旋蝇实验使佛罗里达当地的农场主们看到了希望，他们受螺旋蝇困扰已久，也试图用这种方法消灭它们。但是，由于佛罗里达州地域辽阔，是库索拉岛的 300 倍，所以这项目标并不容易完成。1957 年，美国农业部和当地州政府决定对当地农场主伸出援手，他们拨款建设"苍蝇工厂"对雄性螺旋蝇进行辐射绝育，每周可以生产出 5000 万只绝育螺旋蝇。随后，20 架小型飞机会装载 1000 个纸盒投放至各地，每只纸盒里装载的绝育螺旋蝇数量为 200 只至 400 只，小型飞机每天飞行五六个小时。

1957 年末，天寒地冻，佛罗里达北部的螺旋蝇被冻死了不少，剩下的只能在有限区域里活动，这就给螺旋蝇清除计划提供了良好条件。将近一年半后，人们将 35 亿只雄性绝育螺旋蝇投放至佛罗里达州、佐治亚州、亚拉巴马州各地，不久后就看到了相应成果。1959 年 2 月，科学家处理了最后一个螺旋蝇感染案例，在此之后，除了零星的几只成年螺旋蝇以外，人们再也看不到这种昆虫的踪迹了，美国东南部从此不再受螺旋蝇的困扰。这件事情证明科学创新的重要性，证明基础研究、坚持不懈和坚定信念都是相当关键的。

今天的密西西比州西南部设有专门的隔离屏障，防止这一地区的螺旋蝇再度发展壮大。西南地区占地面积大，螺旋蝇又熟悉这里的环境气候，很容易从墨西哥方向入侵，要想彻底清除它们，不是一件容易的事情。农业部已经在尽快推动得克萨斯州和西南部其他地区的灭虫计划，努力控制住螺旋蝇的现有数量。

尼普林博士在螺旋蝇问题上取得的成功，使致力于防治昆虫的人们涌现出许多新想法。但他们很快发现，并不是所有灭虫计划都能采用这项绝育方案。科学家们须要对防治对象的生活习惯、数量和辐射应对情况进行深入研究，才能制定具体方案。

英国科学家在对罗得西亚采采蝇透彻研究之后，寄望于用绝育方案来消灭这种害虫。采采蝇破坏树木、危害牲畜、威胁人们的健康，将近三成的非洲大地都分布着它们的活动痕迹，受影响的植被约有 1200 万平方公里。尽管人们能够以辐射手段致使其绝育，但由于采采蝇和螺旋蝇的习性区别，仍然需要科学家研究其中的技术难题。

英国的昆虫辐射检测涵盖各个昆虫种类，美国的昆虫实验同样深入详细。遥远的罗塔岛和夏威夷都分布着昆虫实验地点，有关瓜蝇、果蝇、玉米螟和甘蔗螟的昆虫实验都在稳步推进，其中，瓜蝇研究、东方和地中海果蝇研究都取得了可喜的成果。人们发现，绝育技术是人们控制医学昆虫的一项新突破。一名智利科学家也表示，智利人对当地的疟蚊防治束手无策，杀虫剂毫无作用，多亏绝育技术解除了他们的困境。

既然辐射绝育的成功率相对较低，就须要从其他方向寻求昆虫绝育方法。很多人意识到，化学药物可以再次起到作用。

佛罗里达州的科学家们首先采用了化学方法进行绝育实验，他们在奥兰多农业部实验室家蝇的食物中加入化学药物，1961年取得了初步成果。通过五个星期的化学绝育，一座岛屿上的苍蝇群落彻底被清除了。尽管其他岛屿的苍蝇很快又占领了这座小岛，但这至少证明化学绝育的方法是可行的，农业部科学家对此深感振奋。我们可以确定，用药剂杀虫已经成了过时的方法，我们必须寻找其他防治害虫的有效渠道。绝育法尽管成果显著，但是成本较高，不仅须要对昆虫进行绝育处理，还须要投放大量处理后的昆虫，使绝育昆虫超过野生昆虫。螺旋蝇适合这种防治方案，是因为螺旋蝇整体数目较少，但是对家蝇来说，情况就是截然不同的了。超过野生家蝇两倍的投放数量一定会使大多数人不堪其扰，即使只是暂时为之，也是一项很难达成的计划。因此，我们须要采用化学方法来达成绝育——在苍蝇的食物中加入导致不育的化学药物，随着时间推移，绝育苍蝇占据种群的绝大多数时，苍蝇种群就能够自行消亡了。

要想研究出绝育药剂，化学家们须要比研究杀虫剂付出更多努力，就算同时进行多项实验，想要成功研究出一种化学药品也需要一个月以上。从1958年4月研究至1961年12月，奥兰多实验室的科学家们研究了几百种不同的化学药物，最终选择了一批能够有效达成绝育效果的药物，达成了农业部官员的预期目标。

农业部支持的其他实验室同样在研究昆虫绝育问题，根据他们对螯蝇、蚊子、棉铃象甲和各类果蝇的实验研究，绝育方案相比以前已经丰富了不少。尼普林博士表示，化学绝育的优点还未被公众完全认识。从理论上而言，化学绝育比化学杀虫的效果要好得多。举例而言，某种昆虫基数为 100 万只，繁衍一代以后，这一数据就会激增至 500 万只。在最优情况下，强效杀虫剂能够杀灭其中的九成，那么几代繁衍之后，存活的昆虫依然超过 12 万只。可是如果换成化学绝育药剂，一旦九成昆虫都成功绝育，昆虫基数降低，繁衍后的总数也仅仅是 125 只。

当然，我们还须要警惕化学药物的陷阱，那就是它们剧烈的毒性。好在科学家完全具备安全意识，他们会选用相对安全的实验药品，采用正确的使用方法，在选择实验地点时也会格外慎重。一部分声音要求相关部门推动绝育药剂的大面积喷撒，他们要求相关人员直接喷撒植被，从而灭绝舞毒蛾幼虫，这样的提议是相当危险的。我们必须记住杀虫剂给人类带来的教训，绝不在没有基础研究的情况下贸然行动，避免人类迈进更糟糕的境地。

实验室中目前正在使用的绝育药剂分别作用于新陈代谢和染色体，这两种方法都是别致有趣的。前者被称为抗代谢物，它们会干预细胞的发展进程。相关化学药物"假装"为生物机体需要的代谢物质，"潜伏"在细胞的生命历程中，从而找到机会干预细胞生长。

后者所用到的化学药物主要是烷化剂，这种物质会与基因物质进行强烈反应，以极端的方式破坏细胞，破坏染色体，使昆虫遭到针对性打击。就职于伦敦切斯特·比蒂研究所的彼得·亚历山大博士说，这种烷化剂是危险的化学药物，不仅仅能够直接导致昆虫绝育，还会对人类形成威胁，诱变药物并导致癌症，因此这种药物必然会受到严格控制，不可能用于杀虫工作。对科学家们来说，他们并不寄望于目前的研究能够直接解决昆虫问题，而是将其作为前期基础工作，寻找更合适的昆虫防治渠道。

有些科学家希望能够利用昆虫习性，反作用于它们自己，这也是一个相当新颖的思路。科学家们通过研究昆虫的毒液、引诱剂、驱避剂，或许能够分析出昆虫弱项，寻找到克制它们的切入点。康奈尔大学的科学工作者就走在前列，带领其他地方的科学家们攻克捕食性昆虫的生物机能，研究它们的分泌物，尝试找到更好的昆虫防治方法。其他科学家通过"保幼激素"推动幼虫发生变异，致力于阻止昆虫的正常生长。

通过对昆虫分泌物的研究，科学人员发现了引诱剂，这种化学物质能够为防治昆虫起到重要作用，防治舞毒蛾时就用到了这一研究成果。雌雄舞毒蛾的生活习性完全不同，雌性不擅长飞行，它们时常栖息于地面附近，生活在灌木丛或树枝间，雄性舞毒蛾则完全相反，它们能够胜任长途飞行。一般来说，雄蛾都是被雌蛾的腺体释放的香味吸引而飞来的。科学家多年来一直在利用舞毒蛾的这一特性，他们费尽心力从雌蛾身上获取性引诱剂，并将其用于调查昆虫总量，但这种方法耗资太大。虽然东北部各州人民深受害虫困扰，但是这里生活着的舞毒蛾数量不足以支撑科学家们的调查研究，他们必须花费更高价格从欧洲买来雌蛹，价格达到每只0.5美元。不过，经过多年的努力，农业部的科学人员成功分离出了引诱剂，这是一个重大突破。在目前的研究基础上，科学家们又用蓖麻油制作出了仿真程度更高的引诱剂，只须在捕虫器里置入一微克，就能使雄性舞毒蛾误以为这里有雌性舞毒蛾正在散发魅力，从而飞入陷阱。

科学家对于引诱剂的研究绝不仅仅是一项学术成果，从实践意义上而言，这对昆虫防治工作有着重要作用。引诱剂效果突出，成本低廉，只须要与颗粒材料进行融合，就能够制成一种针对雄蛾的迷幻药物。人们将这种药物从空中投放下去，雄蛾便会受到四周错综复杂的香味影响，找不到真正的雌蛾究竟在哪里。在一项诱导交配实验中，科学家将木片、蛭石等物体表面浸透引诱剂，使雄蛾误以为它们是雌蛾，相应的繁衍自然是无效的。目前，科学家们还不确定这样的方法是否能确切控制舞毒蛾的繁衍水平，但这的确是一个值得研究的重要方向。

在围绕舞毒蛾的研究中，人们首次实现了引诱剂的研制。很快，有关其他昆虫的引诱剂也纷纷出现，科学家们希望能够借此控制那些危害农作物的害虫。目前，海森蝇和烟草天蛾的数量已经通过人工引诱剂得到了初步控制。

现在，人们经常使用的昆虫防治方法是同时使用引诱剂和杀虫剂。例如"甲基丁香酚"就由农业部科学家带头推广开来，这种药物能够对雄性东方果蝇和瓜蝇形成致命吸引力。1960年，人们在日本南部的小笠原群岛上开展了这样一项杀虫实验：将纤维板制成碎片，浸染甲基丁香酚和有机磷毒药，并且分布于小岛各个地方。一旦雄性苍蝇受到吸引附着在纤维板上，浸透的有机磷毒药就会在短时间内迅速杀死它们。在1961年的农业部统计中，当地99%的苍蝇都已经被消灭了。相比农药杀虫方法而言，引诱剂方法不仅效果显著，所带来的负面影响也降到了最低：野生动物不会对纤维板感兴趣，因此也就不会误食毒药，等到有机磷毒素挥发以后，也不会对自然环境产生任何危害。

但是，气味并不能有效控制所有的昆虫，许多昆虫偏偏对声音格外敏感。举例来说，部分飞蛾会对超声波格外警惕，避开超声波所在的方向，它们就能够避开自己的天敌蝙蝠；锯蝇幼虫最熟悉的是寄生蝇振翅声，一旦听到这种声音，它们就会和同类聚堆儿保护自己，而当它们振动翅膀时，寄生蝇也会循声确定它们所在的方位；雄蚊能够辨别雌蚊振翅的声音，对它们来说，这种声音无异于天籁。

我们是否能够根据昆虫对声音的敏感程度，研究出一些防治昆虫的方法？目前，科学家已经开展了针对雄蚊的实验，他们录制了雌蚊振翅声并反复播放，昏了头的雄蚊拼命飞向声源，却迎面撞上电网而毙命。意大利科学家通过研究超声波，寻找到了对付玉米螟和糖蛾的方法。来自夏威夷大学的休伯特·弗林斯教授和马博·弗林斯教授长年研究动物声音，据他们表示，现有的昆虫声音知识完全可以控制昆虫行动。这两位教授发现椋鸟在听到同伴的痛苦叫声时会受到惊吓而四散逃走。这个发现或许也适用于昆虫，如果人们正确利用这种规律，可以更有效地防治昆虫。这一创新思路使两位教授声名远扬。目前，从事于杀虫工作的相关人员已经紧锣密鼓地开始工作，某电子公司就在筹备实验室开展这方面的实验研究。

科学家们也在继续研究通过声音直接使昆虫致死的可能性。我们已经发现，超声波能对水中的蚊子幼虫形成致命影响，但是同在水箱中的其他生物也会受到波及。如果将实验环境换成空气，超声波同样能杀死绿头苍蝇、粉虱以及黄热病蚊子。随着昆虫防治工作不断推进，电子科技不断发展，人们的昆虫防治实验最终会取得胜利。

生物防治法与这一切的思路完全不相同。电子科技、伽马射线和其他发明往往依靠物理研究，而生物防治方法源远流长，和生物机体的本质分不开。在很多年前，一旦疫病传播就会摧毁人类，同样的，昆虫也会因为感染病菌而集体性死亡。亚里士多德时代之前，人们就已知道这一点，他们在诗文中记录了桑蚕疾病。巴斯德据此深入研究之后，首次揭开了传染病的神秘面纱。

不仅仅是病毒和细菌会传染昆虫疾病，那些真菌、原生动物、微小蠕虫以及其他人类很难辨别的微生物都会成为疾病的帮凶。但并不能直接将微生物和病原体画等号，因为它们还能够消解垃圾、给土壤施肥、帮助人们完成发酵和硝化过程，从这些方面来讲，它们并不是人类的敌人。那么，我们是否可以让微生物也参与到防治昆虫的工作中来？

艾利·梅奇尼科夫首先尝试通过微生物来防治昆虫，从 1890

年至 20 世纪前半叶，他都在致力于这项工作。通过总结以往对动物学的研究，梅奇尼科夫耗费多年，一步步形成了微生物防治理念。20 世纪 30 年代末，针对日本金龟子的研究取得了显著成果，科学人员用病原菌芽孢给日本金龟子引入了乳白病，证明引入疾病的微生物防治法是完全可行的。就像第七章曾经提到的那样，美国东部当地人极擅长使用细菌来防治昆虫。

目前，生物防治昆虫的关键性主角是苏云金杆菌。1911 年，德国图林根州的当地人发现粉螟幼虫患上了一种严重的败血症，会致使幼虫死亡，而直接传播疾病的细菌就是苏云金杆菌。根据科学家的进一步研究，人们得知苏云金杆菌的致命武器并不是传播疾病，而是它们所携带的毒素。这种细菌芽杆中的芽孢能够形成一种剧毒的蛋白质晶体，如果昆虫遇到这种物质就很容易中毒，鳞翅类昆虫幼虫更是完全无法触碰这种毒素，一旦食用了沾染毒素的植物，它们就会失去知觉、失去食欲，飞快死亡。对于当地农民来说，一旦他们将这种毒素投向田地，鳞翅类幼虫就会立即停止啃食农作物，从现实层面来说，无疑是一种有价值的防治方法。美国相关公司已经在生产苏云金杆菌芽孢化合物，多个国家都在进行野外实验。例如法德两国进行测试以消灭菜粉蝶，南斯拉夫以此对抗美国白蛾，苏联则以黄褐天幕毛虫为测试对象。1961 年，巴拿马人开始测试以解决根蛀虫，避免它们再蛀空香蕉树树根，避免当地蕉农再因为香蕉树而出现经济损失。在过去，当地人用狄氏剂来对付根蛀虫，这种药物的药效短、危害大、极容易培养昆虫抗药性，还会误伤捕食性益虫，使害虫成千上万地增加（不起眼的卷叶蛾幼虫正是抓住了这个空隙，贪婪地大量啃食香蕉树叶）。因此，人们格外希望能够尽快研制出一种正确的微生物杀虫法，在维持自然规律的情况下，尽可能控制住根蛀虫和卷叶蛾的数量。

加拿大和美国东部的森林昆虫数量泛滥，他们会将微生物杀虫法用于控制蚜虫和舞毒蛾。1960年，他们首次引入了苏云金杆菌实验杀虫效果。一经尝试，当地人都感到相当满意。就佛蒙特州而言，微生物杀虫法不仅能够达到滴滴涕杀虫的效果，还能够避免滴滴涕杀虫的一系列隐患。唯一的问题在于，当地人须要设法将苏云金杆菌芽孢附着在常青树叶上，由此才能防治森林昆虫。对农田里的害虫来说，农民们只须要喷撒苏云金杆菌药粉就足够了，加州当地菜农的野外实验证明，这一杀虫方法是完全有效的。

病毒研究远远没有像微生物研究那样得到人们的重视。加利福尼亚州的科学家从染病的苜蓿粉蝶幼虫体内提取出一种病毒溶液，如果将这种溶液喷洒在苜蓿幼苗上，苜蓿粉蝶幼虫就会感染病毒而死。根据研究，五只幼虫体内的病毒溶液就足够使超过4000平方米的苜蓿都不受苜蓿粉蝶幼虫侵犯。同样的病毒防治方法也被用于加拿大昆虫防治工作，那里的人们提取出一种专门针对松树锯蝇的病毒，目前已经推广开来。

在捷克斯洛伐克，原生生物防治方法不断推进，当地科学家希望借此来防控结网毛虫等害虫。美国科学家已经开始用这一方法对付玉米螟，他们发现，原生生物防治法可以和绝育法有效联系起来。

微生物防治方法是否会失去控制，演变为一场席卷世界的细菌战？当然不是这样。所有细菌都有特定的针对对象，不会像化学药物那样伤及无辜。昆虫病理学领域的泰斗爱德华·斯坦豪斯博士声明，不管在实验条件下还是自然条件下，蔓延在昆虫种群里的疾病都不会感染脊椎动物。

昆虫病原体的影响范围很小，仅仅只有某几种或者某一种昆虫会受到疾病的打击，生物学家认为，高等动物或植物完全不会受到这种病原体的干扰。就算昆虫附着在植物上，或是被动物所吞食，病原体也不会由此感染动植物。在这方面，斯坦豪斯博士为我们做了保证。

昆虫的天敌不少，除了其他昆虫之外还包括许多微生物。伊拉茨玛斯·达尔文在 1800 年左右首次提出了以刺激天敌生长控制昆虫数量的方法。或许是由于这种生物防治的方法是最早被投入使用的，所以人们误认为这是唯一的化学防治替代方案。

昆虫学家探险者先驱阿尔伯特·柯贝利为了寻找吹绵介壳虫的天敌，于 1888 年前往澳大利亚，这是传统生物防治在美国的开始。就像我们在第十五章中提到的那样，吹绵介壳虫威胁到了美国柑橘产业，而这个瓢虫防治计划取得了巨大的成功，为果农们挽回了每年数百万美元的利润。而在此后的一个世纪里，人们忙于在世界各地寻找昆虫天敌，进行生物控制。在美国引进的昆虫当中，除柯贝利引进的澳洲瓢虫外，也有不少大获成功，存活下来的种类达到了一百种。引进自日本的黄蜂全面控制了侵害东部苹果园的一种昆虫；一些意外地从中东引进的、斑点苜蓿蚜虫的天敌拯救了加州的苜蓿产业；像细腰黄蜂对日本金龟子的控制一样，舞毒蛾的寄生虫和捕食性昆虫也对其实现了有效的控制。据保罗·德巴赫这位著名的昆虫学家估计，在加州，投入 400 万美元进行生物防治就可以产生一亿美元的收益，控制介壳虫和粉蚧的数量，每年能够为加州节省数百万美元的开销。

全球有约四十个国家成功地使用引进天敌的方法进行生物防治，控制住本国肆虐的害虫。生物防治和化学防治相比，优势显而易见：它价格更低廉，能够实现永久性控制，也不会造成毒物残留。然而，支持生物防治方法的人却并不多。在美国，仅有加利福尼亚州有正式的生物防治计划，而其余很多州甚至找不出一个全心投入这一研究领域的昆虫学家。生物防治是否会对昆虫族群产生其他的影响，目前并无定论。或许这一思路在科学角度上欠缺严密性，昆虫的投放数量也无法进行精密的计算，而这种精确性正是决定成败的因素。

不论是猎物还是猎手都不可能单独存在，昆虫们共存于巨大的食物链中，因此必须考虑到一切因素。现代农业环境与大自然的情况大不相同，但在森林环境中，或许传统生物防治能够取得最好的效果。森林无论是在外表还是内部，都更加接近自然环境。在这样的地方，人类只须要尽量减少人为活动的干预，加上一点点推波助澜，就能够让大自然随心所欲地发挥自己的力量，创造出它精准而奇妙的制衡系统，保护森林免遭昆虫的过分破坏。

美国林业局的官员在生物防治上似乎只考虑到了捕食性昆虫和寄生昆虫，但加拿大人更胜一筹，而欧洲人简直可以称得上是生物防治的祖师爷了——他们发展出了令人称奇的"森林卫生"科学。根据欧洲林务官的观点，鸟类、蚂蚁、森林蜘蛛以及土壤中的细菌都是森林的组成部分，如果他们须要培育新森林，也会考虑到这些因素作为其保护色。例如，帮助鸟类生存就是他们的首要任务。现代林业的发展使得那些老朽的空心树渐渐消失，啄木鸟和其他在树上住的鸟儿也渐渐失去了栖身之所。为了解决这个问题，人类会在树木间安置巢箱，将鸟类引回森林中，除了鸟类之外也有专门为猫头鹰和蝙蝠设计的箱子，这样它们就可以栖身在森林之中，在夜间捕食昆虫。

这还不是全部。欧洲林区一些极为出色的控制计划会利用森林红蚁作为捕食性昆虫——美国很不幸并没有这种蚂蚁。来自维尔茨堡大学的卡尔·戈斯瓦尔德教授在二十多年前找到了培育和壮大红蚁群落的方法，上万个红蚁群落在他的指导下在德国的近百个测试区发展起来。戈斯瓦尔德教授的方法也在意大利以及其他国家被广泛使用，他们为了向森林投放，建立了蚂蚁农场。在亚平宁山脉地区，人们为了保护新的人造林已培育了上百个蚁群。

"如果森林当中有了鸟类和蚂蚁，以及蝙蝠和猫头鹰，说明生物平衡状况已经得到改善。"这是海因茨·卢佩兹舍芬博士的说法，他同时也是德国莫恩市的林务官。他认为，比起引进单一的天敌昆虫，为树木培育各种"天然伴侣"的效果要好得多。

莫恩市林区用铁丝网将新培育的蚁群保护起来，以免啄木鸟来啄食。这种方法可以避免蚁群出现太过严重的损失，也能够促使啄木鸟转而啄食森林里有害的毛虫。在部分实验地区，啄木鸟的数量已在十年间增加了四倍，大部分照料蚁群和鸟巢的工作由当地学校10 岁到 14 岁的孩子们承担，这种做法以极低的成本实现了对森林的永久性保护。

卢佩兹舍芬博士的研究中还涉及到对蜘蛛的利用，这非常有趣。虽然关于蜘蛛类别和自然历史的文献已有许多，但它们的内容都是分散的、碎片化的，也没有考虑过蜘蛛或许具有生物防治方面的价值，因此他可以称得上是这一领域的先驱。在已知的 22000 种蜘蛛中，有 760 种是德国原生品种，2000 种是美国原生品种。有近30 个蜘蛛族群生活在德国的森林区中。

蜘蛛对于林务人员来说，最重要的意义就在于它们的网。圆网蛛能够织出轮形的极为细密的网，捕获所有飞在空中的昆虫；十字园蛛能够结出直径约 40 厘米的大网，大约含 12 万个带黏性的网结；一只蜘蛛在它三年的生命里会消灭 2000 只昆虫。在一个健康的森林里，每平方米林地应当有 50 到 150 只蜘蛛，如果数量不足，人们可以通过收集和投放卵囊来补齐。卢佩兹舍芬博士说："只需要三只横纹金蛛的卵囊就可以孵化上千只蜘蛛，它们能够捕食的昆虫可达二十万只。"他还说，圆网蛛的幼虫尤其重要，因为它们会在春天时出现在树的顶端织网，能够保护嫩芽免受昆虫侵扰。当这些蜘蛛渐渐蜕皮长大，网也会随之变大，捕捉更多的害虫。

加拿大生物学家的研究路线也与此相似，虽然北美地区的森林多为天然林而非人工林，用于保持森林健康的物种也不一样。加拿大人着眼于那些能够有效控制某些昆虫的小型哺乳动物。有种昆虫生活在林区松软的土层当中，叫作锯蝇。雌性锯蝇长着一个锯齿状的产卵管，它能够用产卵管割开常青树的针叶将卵产在里面。待幼虫孵化之后，就会落在落叶松腐殖土上或者云杉、松树下的土层上，形成蝇茧。森林的地面之下是一个满是孔洞的世界，里面满是小型哺乳动物的隧道，包括白足鼠、田鼠以及各种鼩鼱。一只贪吃的鼩鼱能发现并吃掉大量的锯蝇茧。它们能够准确地识别空茧和实茧，还会把前脚搭在茧上，从底部开吃。这些小动物的胃口大得惊人，一只田鼠每天可以吃掉两百只茧，而一只鼩鼱则可以吃掉八百只。从实验结果看，75%~98%的锯蝇茧会被作为食物消耗掉。

纽芬兰岛饱受锯蝇困扰，于是当地人在 1958 年尝试引进了最高效率的锯蝇捕食者——假面鼩鼱。1962 年，加拿大官方宣布这一尝试成效惊人。假面鼩鼱成功地在岛上繁殖起来，并开始扩大它们的族群——就连投放点十多公里外的地方都能找到被标记过的鼩鼱。

林务人员能够运用各种武器去保护和加强森林内部的天然联系，化学控制只是权宜之计，不能带来任何实际效益，还会杀死林间溪涧里的鱼，给昆虫带来灾难，破坏大自然的控制力量和我们试图引进的生物控制。卢佩兹舍芬博士说："这种暴力措施会导致森林中各种生命之间的互利关系被破坏掉，也会使得寄生虫出现的频率变得越来越高……所以，我们要停止操纵最后一片自然的生存之地，这是至关重要的。"

人类提出了众多新颖的、丰富和具有创造力的方法去解决人类与其他生物在共享地球家园时出现的矛盾。无论是什么样的方法，体现出的主题是永恒不变的，那就是我们必须意识到自己面对的是活生生的生命，是它们的族群、它们的力量以及它们的兴衰荣败。只有充分考虑到了生命的力量，谨慎地引导它们向着一个对我们有利的方向发展，人类与昆虫之间才能形成一种合理的平衡。

当前使用毒剂的做法则完全没有考虑到这些最基本的原则。各种化学药品就像原始人手中的大棒一样挥舞着，破坏了生命原本的脉络。一方面，这种脉络是纤弱而敏感的，很容易遭到破坏；另一方面，它又有惊人的韧性和修复能力，往往会在一息尚存之时以出人意料的方式反击。那些专注于化学控制的人员忽视了生命神奇而非凡的能力，开展着他们毫无原则的计划，没有一丝谦卑地面对着自然的强大力量。

"控制自然"这个词，是非常狂妄的。这个词语出现的时候，正是生物学和哲学开始萌生的时期，人们觉得大自然是为人类而存在的。应用昆虫学的观念和行为模式大多来源于科学的蒙昧时代，在那个科学还很原始、很基础的时候，人们就为自己武装好了最新型、最可怖的武器，用以对付昆虫的同时，丝毫没有顾及地球的安危，人类是多么不幸的生物啊。

真题阅读与训练

一、填空题

1.《寂静的春天》的作者是_____，_____国人，是一位_____学家，同时也是_____。

2.《寂静的春天》主要向读者介绍了_____的危害。

3. 化学药物的滥用影响到了_____、_____、_____等动物，以及人类自己的生存。

4. "另一条路曲折而鲜有人迹，但它或许是人们保护地球环境的最后机会。"作者说的另一条路指的是_____。

5.《寂静的春天》中，作者常常运用_____的手法进行描写，有强烈的震撼力量。

二、选择题

1.《寂静的春天》是一本引发了全世界（   ）事业的书。

A. 科学研究   B. 环境保护   C. 慈善公益   D. 教育

2. 下列说法正确的一项是（   ）

A. 作者大量引用事例，展现出了滥用化学药品的巨大危害，呼吁大家爱护环境。

B. 本书主旨是告诫人类不要使用化学药品。

C. 本书书名《寂静的春天》是说春天是"寂静"的，大家要爱护春天。

D. 本书的语言充满理性，严肃而不带情感色彩地指出了化学药品对环境的破坏。

3. 下列哪种做法是作者倡导的？（　　）

A. 随意使用化学药品

B. 不断研发效力更强的化学药品

C. 谨慎使用化学药品

D. 禁止使用化学药品

4. 下列哪本书不属于科普著作？（　　）

A.《荒原》 B.《昆虫记》 C.《寂静的春天》 D.《十万个为什么》

5. 下列哪个选项不属于滥用农药的危害？（　　）

A. 破坏生态平衡

B. 污染水源

C. 威胁人类自己的生命安全

D. 导致土壤干旱

三、简答题

1. 读完本书，现在你知道书名《寂静的春天》是什么意思吗？请你说说看。

2. "人类付出了这么大的代价, 而这一切究竟换来了什么? 当后人们翻开记录着我们这段历史的资料, 即使是历史学家也要大惑不解: 人们为了压制所谓的害虫, 不惜将毒药撒向自然界, 撒向各种动植物, 甚至撒向人类自己。"

读了这段文字, 你有什么感想?

3. 你还知道哪些亟待人类正视的环境问题?

参考答案

一、填空题

1.蕾切尔·卡森;美;海洋生物;科普作家

2.过度使用化学药品

3.昆虫、鸟类、鱼类

4.生物防治法

5.对比

二、选择题

1.B;2.A;3.C;4.A;5.D

三、简答题

1."寂静的春天"是指人类滥用化学药物杀死昆虫的同时,必将危及地球其他生物乃至人类的生存,最终会导致春天里出现"鸟儿不再歌唱,鱼儿不再跳跃于水中"的毫无生机的、死气沉沉的可怕景象。作者借此向世人提出严正警告:滥用化学药物破坏自然生态,人类将会遭到自然的强烈报复,导致自身的灾难。

2.略

3.略

统编语文教材指定阅读
（总目录）

序号	书名	序号	书名
1	红楼梦	28	小桔灯
2	西游记	29	故乡
3	水浒传	30	彷徨
4	三国演义	31	名人传
5	钢铁是怎样炼成的	32	小鹿斑比
6	寄小读者	33	呼兰河传
7	繁星·春水	34	苦儿流浪记
8	朝花夕拾·呐喊	35	老人与海
9	城南旧事	36	格列佛游记
10	骆驼祥子	37	绿野仙踪
11	稻草人	38	柳林风声
12	森林报	39	会飞的教室
13	童年	40	汤姆叔叔的小屋
14	爱的教育	41	福尔摩斯探案集
15	昆虫记	42	威尼斯商人
16	80天环游地球	43	列那狐的故事
17	木偶奇遇记	44	小王子
18	绿山墙的安妮	45	尼尔斯骑鹅旅行记
19	安徒生童话	46	爱丽丝漫游奇境记
20	格林童话	47	王子与贫儿
21	伊索寓言	48	吹牛大王历险记
22	海底两万里	49	捣蛋鬼日记
23	鲁滨逊漂流记	50	一千零一夜
24	汤姆·索亚历险记	51	在人间
25	拉·封丹寓言	52	西顿动物故事
26	克雷洛夫寓言	53	中国古代神话故事
27	假如给我三天光明	54	中国古代寓言故事

序号	书名
55	小海蒂
56	秘密花园
57	百万英镑
58	王尔德童话
59	海燕
60	我的叔叔于勒
61	白鹅
62	端午的鸭蛋
63	培根随笔
64	居里夫人传
65	格兰特船长的儿女
66	野草
67	最后一课
68	小城三月
69	你是人间的四月天
70	简·爱
71	边城
72	金银岛
73	宝葫芦的秘密
74	飞鸟集
75	家
76	再别康桥
77	最后的常春藤叶
78	威尼斯的小艇
79	穷人
80	白杨礼赞
81	唐诗三百首
82	史记
83	上下五千年
84	傅雷家书精选本
85	猫
86	海滨故人
87	雷雨

序号	书名
88	契诃夫短篇小说
89	猎人笔记
90	茶馆
91	月亮与六便士
92	热爱生命
93	飘
94	草原上的小木屋
95	呼啸山庄
96	小学生必背文言文
97	小学生必背古诗文129篇
98	小飞侠彼得·潘
99	弟子规
100	三字经
101	论语
102	增广贤文
103	中华成语故事
104	聊斋志异
105	寂静的春天
106	鸟的天堂
107	荷塘月色
108	给青年的十二封信
109	古希腊神话故事
110	艾青诗选
111	世说新语
112	我的大学
113	镜花缘
114	儒林外史
115	中国民间故事
116	非洲民间故事
117	山海经
118	吉尔伽美什
119	小英雄雨来
120	大林和小林